Jan Hoffmann

Ferritische ODS-Stähle - Herstellung, Umformung und Strukturanalyse

**Schriftenreihe
des Instituts für Angewandte Materialien**
Band 32

Karlsruher Institut für Technologie (KIT)
Institut für Angewandte Materialien (IAM)

Eine Übersicht über alle bisher in dieser Schriftenreihe erschienenen Bände
finden Sie am Ende des Buches.

Ferritische ODS-Stähle - Herstellung, Umformung und Strukturanalyse

von
Jan Hoffmann

Dissertation, Karlsruher Institut für Technologie (KIT)
Fakultät für Maschinenbau
Tag der mündlichen Prüfung: 21. November 2013

Impressum

Karlsruher Institut für Technologie (KIT)
KIT Scientific Publishing
Straße am Forum 2
D-76131 Karlsruhe

KIT Scientific Publishing is a registered trademark of Karlsruhe
Institute of Technology. Reprint using the book cover is not allowed.

www.ksp.kit.edu

Print on Demand 2014

ISSN 2192-9963
ISBN 978-3-7315-0157-2

Ferritische ODS-Stähle - Herstellung, Umformung und Strukturanalyse

Zur Erlangung des akademischen Grades

Doktor der Ingenieurwissenschaften

der Fakultät Maschinenbau

Karlsruher Institut für Technologie (KIT)

genehmigte Dissertation von

Dipl. Ing. Jan Hoffmann

Tag der mündlichen Prüfung: 21.11.2013

Hauptreferent: Prof. Dr. Oliver Kraft

Korreferent: Prof. Dr. Hans Jürgen Seifert

Danksagung

Ich möchte mich ganz herzlich bei Herrn Professor Dr. Oliver Kraft für die Begutachtung und Betreuung meiner Arbeit bedanken. Herrn Professor Dr. Hans Jürgen Seifert danke ich für die Übernahme der Zweitgutachtung.

Herrn Dr. Anton Möslang danke ich, dass er mir ermöglicht hat, die Arbeit in der Abteilung IAM-AWP durchzuführen sowie für seine vielen fachlichen Ratschläge während meiner Zeit als Doktorand.

Herrn Dr. Michael Rieth gilt mein besonderer Dank. Er übernahm die direkte Betreuung meiner Arbeit und ohne sein stetes Engagement wäre die Durchführung kaum möglich gewesen.

Herr Rainer Ziegler stand mir stets hilfreich zur Seite, wenn es um die Produktion der Legierungen ging. Seine technische Betreuung der Kugelmühlen und Handschuhbox ermöglichte die erfolgreiche Herstellung der Materialien. Mein Dank gilt ebenso Herrn Bernhard Dafferner für die Einweisung in die mechanischen Prüfanlagen und Öfen.

Meinen Kollegen Frau Verena Widak und Herrn Dr. Jens Reiser danke ich für die vielen Ratschläge während der Zeit meiner Promotion.

Frau Ute Jäntsch und Herrn Dr. Michael Klimenkov danke ich für die umfassende Einführung in die Transmissionselektronenmikroskopie und die entsprechende Probenvorbereitung. Bei der Rasterelektronenmikroskopie standen mir Frau Materna-Morris und Frau Mirjam Hoffmann hilfreich zur Seite.

Für die Unterstützung bei der Pulvercharakterisierung und chemischen Analysen möchte ich mich bei Frau Silvia Andraschko (ITG), Frau Margarete Offermann (IAM-WPT) sowie Herrn Thomas Bergfeldt (Chemische Analytik IAM-AWP) bedanken.

Bei Herrn Horst Zimmermann und Herrn Daniel Bolich bedanke ich mich für die Unterstützung bei der Probenpräparation. Auch bei noch so komplizierten Probengeometrien und Anforderungen schreckten sie nicht zurück und konnten stets mit Lösungen dienen. Bei den Kollegen der Werkstatt möchte ich mich für die Fertigung allerhand verschiedener Dinge wie HIP-Kapseln, Proben etc. während der letzten 3 Jahre bedanken. Namentlich sind das Herr Walter Dörfler, Herr J. Lang (beide IAM-AWP), Frau Tanja Fabry und Herr Bruno Zimmermann (beide TID).

Sowie bei allen hier nicht explizit aufgeführten Kollegen der Arbeitsgruppe für Hochtemperaturwerkstoffe bedanke ich mich recht herzlich.

Der drei-monatige Auslandsaufenthalt an der Universität Oxford in England wurde vom Karlsruhe House of Young Scientists (KHYS) gefördert. In diesem Zuge möchte ich mich auch bei Herrn Prof. Steve Roberts für die Ermöglichung dieses Aufenthalts bedanken. Für die Einweisung in die Elektronenmikroskopie und verschiedenen Versuchsanlagen danke ich Dr. David Armstrong und Dr. Ben Britton. Durch die Möglichkeit während meiner Zeit am Department of Materials in der Materials for Fusion and Fission Power Gruppe als aktives Mitglied zu arbeiten, konnte ich viel fachliche und persönliche Erfahrung sammeln.

Kurzfassung

In der vorliegenden Arbeit wurde die ferritische ODS-Legierung vom Typ Fe-13Cr-1W-0.3Ti + Y_2O_3 untersucht. Nach der Pulverherstellung und dem mechanischen Legieren in einer Attritor Kugelmühle wurden die Materialien durch Heiß-Isostatisches Pressen und Heißwalzen oder Strangpressen kompaktiert. Anschließend wurden Mikrostruktur, Textur und mechanische Eigenschaften in Abhängigkeit der gewählten thermo-mechanischen Behandlung untersucht. Durch die Umformprozesse entstand eine starke Anisotropie der mechanischen Eigenschaften der Materialien. Durch EBSD Messungen konnten Unterschiede beim Zustand des Gefüges gefunden werden. So ist das Gefüge nach der Extrusion erholt und weist geringere innere Spannungen auf. Dies konnte mit den mechanischen Eigenschaften korreliert werden.

Mittels Transmissionselektronenmikroskopie (TEM) und Röntgenabsorptionsspektroskopie (EXAFS) konnten weitere Erkenntnisse über die Lösungsvorgänge während des mechanischen Legierens gewonnen werden. Eine Mahldauer von 24 Stunden war dabei nicht ausreichend um das Y_2O_3- Pulver vollständig im vorlegierten Stahlpulver aufzulösen. Erst nach 40 Stunden konnte kein ungelöstes Yttrium mehr beobachtet werden. Mit zunehmender Mahlzeit verfeinerte und homogenisierte sich die Partikelgrößenverteilung des Pulvers immer weiter.

Die Oxide La_2O_3, Ce_2O_3, ZrO_2 und MgO wurden in einer nächsten Legierungsvariation auf ihre Eignung als ODS-Partikel in ferritischen Stählen getestet. Dazu wurden jeweils 0.3 Gew.% vor dem mechanischen Legieren zugemischt. Die produzierten Materialien wurden anschließen Heiß-Isostatisch gepresst und heißgewalzt. Die Charakterisierung erfolgte durch TEM mit Energiedispersiver Röntgenspektroskopie (EDX) und Elektronen

Energieverlustspektroskopie (EELS), sowie durch EBSD und mechanische Tests. Bedingt durch die verschiedenen Oxide, stellten sich unterschiedliche Texturen im Material ein. Diese reichten von klassischen α - Faser Walztexturen mit unterschiedlicher Intensität der einzelnen Komponenten bei den La_2O_3, Ce_2O_3 und ZrO_2 Materialien bis zu einer γ - Faser Erholungstextur beim MgO - Material. Auch hier konnten mechanische Eigenschaften und Textur, bzw. Gefügezustand korreliert werden.

Zur Verbesserung der Korrosionsbeständigkeit wurde eine Legierungsvariation mit steigenden Aluminiumgehalten zwischen 2 und 4 gew.% durchgeführt. Die Variation entstand durch Zugabe von $FeAl_3$ Pulver vor dem mechanischen Legieren. Validiert durch TEM Untersuchungen und chemischer Analytik, konnte diese Herstellungsroute für alle verschiedenen Materialien erfolgreich durchgeführt werden. Mittels Zugversuchen und Kerbschlag-Biegeversuchen konnte der Festigkeitsabfall durch das Zulegieren von Aluminium quantifiziert werden. Erste Korrosionstests bei Temperaturen zwischen 500 und 700°C in synthetischer Luft wurden durchgeführt und konnten eine bessere Korrosionsbeständigkeit bestätigen.

Nach Diskussion der einzelnen Ergebnisse der Legierungsvariation wurde eine abschließende Bewertung aller Ergebnisse im Hinblick auf Parameter- / Eigenschaftsbeziehung von ferritischen ODS-Legierungen durchgeführt.

Abstract

In the present work, the ferritic alloy Fe-13Cr-1W-0.3Ti + Y_2O_3 was studied. After powder production and mechanical alloying in an attritor ball mill, the materials were compacted by hot isostatic pressing or hot extrusion. Afterwards, the microstructure, texture and mechanical properties were investigated as a function of the thermo-mechanical treatments (TMT). The TMT caused a strong anisotropy of the mechanical properties of the materials. The state of the microstructure could be characterized by EBSD measurements and correlated with the mechanical properties.

Transmission electron-microscopy (TEM) and x-ray absorption fine structure were used to evaluate the dissolution process during the mechanical alloying. 24 hours milling was not long enough to reach full dissolution of the Y_2O_3 powder into the matrix of the pre-alloyed steel powder. Only after 40 hours, no undissolved Yttrium was observed. With increasing milling time, the particle size distribution of the powders continued to refine.

The oxides La_2O_3, Ce_2O_3, ZrO_2 und MgO were tested for their application as ODS particles in ferritic steels. 0.3 wt.% of oxide were mixed with the pre-alloyed powder before mechanical alloying. The produced materials were compacted by HIPing and hot-rolled. Characterization was done by TEM, energy dispersive x-ray spectroscopy (EDS), electron energy loss spectroscopy (EELS), EBSD and mechanical tests. Different textures were observed in the materials due to the different oxides. The texture ranged from typical α - fiber rolling textures in the La_2O_3, Ce_2O_3 and ZrO_2- added materials up to γ - fiber annealing textures in the MgO-added material.

A variation of the aluminum content between 2 and 4% was done to improve the corrosion resistance. The variation was done by adding $FeAl_3$ intermetallic powder prior to mechanical alloying. The method was validated by

TEM and chemical analysis and proved to be suitable for the production of these alloys. The drop in strength due to the addition of aluminum could be quantified by tensile tests and Charpy impact tests. Initial corrosion tests between 500° and 700°C were performed in synthetic air to confirm the improved corrosion resistance.

After discussing the results, a final assesment of the data was done to derive parameter / properties correlations for ferritic ODS alloys.

Inhaltsverzeichnis

1. Einleitung

Der Energiebedarf der Welt steigt kontinuierlich an. Mit der zunehmenden Verknappung fossiler Brennstoffe werden alternative Wege zur Energie-erzeugung nötig. Die nächste Generation Kernkraftwerke (GEN IV) hat gute Aussichten die steigende Energienachfrage zu decken. Die Konzepte für diese neue Generation von Kernkraftwerken basieren teilweise auf bestehenden Reaktoren und steigern deren Effizienz. Andere Projekte sehen Reaktoren vor, die auf neuen Prinzipien beruhen. Alle neuen Reaktoren haben jedoch gemeinsam, dass sie höhere Neutronendosen bei gleichzeitig höheren Anwendungstemperaturen vorsehen. Diese Anforderungen können von heutigen Werkstoffen nicht erfüllt werden.

In ferner Zukunft könnten Fusionskraftwerke den Energiebedarf mit einem theoretisch unerschöpflichen Brennstoffvorrat decken. Die Kernfusion findet erst bei Temperaturen im Bereich von 100 Million Kelvin statt. Diese Bedingungen lassen sich nur in einem Plasma erzeugen. Forschungsreaktoren wie JET in Großbritannien haben bereits gezeigt, dass die Fusion auf diese Art möglich ist. Bis zu einem kommerziellen Kraftwerk ist jedoch noch viel Forschung und Entwicklung nötig, da unter anderem konventionelle Materialien den Anforderungen nicht standhalten können.

Kraftwerke mit fokussierender Solarthermie sind bereits in naher Zukunft geplant. Ein weitläufiges Feld mit Spiegeln wird dabei genutzt um Sonnen-strahlen zu bündeln. Je nach Kraftwerkstyp kommen verschiedene Ziele für die gebündelten Strahlen zum Einsatz. Bei allen Kraftwerken wird dort über eine Kraft-Wärme-Kopplung elektrische Energie gewonnen. Auch hier werden Werkstoffe benötigt, die hohen Temperaturen standhalten und eine ausreichende Effizienz erlauben.

Die drei oben genannten Beispiele machen deutlich, dass mit fortschreitender Entwicklung der Kraftwerkstechnologie innovative Materialien nötig sind, um den Anforderungen der nächsten Stufen der Technologie gerecht zu werden. Betriebstemperaturen sind meist durch die vorhandenen Werkstoffe nach oben hin begrenzt. Eine Erweiterung dieses Temperaturbereichs hat fast immer eine Steigerung der Effizienz und des Wirkungsgrades zur Folge.

1.1. Von der konventionellen Stahllegierung zur ODS-Legierung

Austenitische Stähle sind klassische Strukturwerkstoffe für die Energietechnik. In Kernreaktoren der ersten und zweiten Generation sind sie daher weit verbreitet. Konventionelle Stähle haben jedoch Nachteile, die zur Weiterentwicklung bestehender und neuer Materialien führten.

1.1.1. Optimierte austenitische Stähle in der Energietechnik

Die Entwicklung verbesserter Materialien für die Reaktortechnik begann früh mit der Forschung an schwellresistenten austenitischen Stählen. Es wurden Hüllwerkstoffe für Brennstäbe entwickelt, die sich während der Einsatzdauer im Reaktor nicht durch Bestrahlung verformen. Diese verbesserten Stähle wirken durch Zugaben von Karbidformern wie Titan, und/oder Vanadium der Entstehung von Defekten durch Bestrahlung entgegen. Die entstehenden Karbide wirken als Senken und begünstigen die Rekombination von Punktdefekten. Des Weiteren sammeln sich durch Transmutation entstandene Helium-Atome an diesen Stellen im Gefüge. Diese Stähle enthalten zudem weniger Verunreinigungen und es wird gezielt der Gehalt an Elementen wie Schwefel, Bor, Silizium und Phosphor reduziert. Dadurch wird die Bildung von Phasen unterdrückt, die Leerstellenbildung begünstigen. Auf die physikalischen Vorgänge innerhalb der Werkstoffe unter Bestrahlung wird in Abschnitt 1.3.3 näher eingegangen.

Stähle diesen Typs werden nach wie vor in vielen Anlagen eingesetzt, so sind sie auch noch als AISI 316LN (low carbon, high nitrogen) für den Versuchs-Fusionsreaktor ITER vorgesehen. Die dort herrschenden Umgebungsbedingungen wie Betriebstemperatur machen einen Einsatz problemlos möglich. Ein Maß für die Schädigung des Materials unter Bestrahlung stellen die displacements per atom (dpa) dar. Dieser Wert gibt, auf die Bestrahlungszeit bezogen, an, wie oft ein Atom auf Grund von Stoßvorgängen mit Neutronen den Platz im Gitter wechselt [1]. Oft ist die dpa Dosis, der ein Material standhalten kann, die limitierende Größe bei der Auslegung von Fusions- und Kernkraftanlagen. Für fortgeschrittene, kraftwerksnahe Versuchsanlagen mit höheren Neutronendosen wie z. B. in einem Fusions-Demonstrations-Reaktor scheiden austenitische Stähle aus. Der Hauptgrund dafür ist die Tatsache, dass selbst fortgeschrittene austenitische Stähle oberhalb einer kritischen Dosis (ca. 80-100 dpa) massiv schwellen und eine geringe thermische Leitfähigkeit aufweisen. Desweiteren sind sie durch ihre chemische Zusammensetzung nicht low-activation tauglich. Auf diese Problematik wird nun im nächsten Abschnitt näher eingegangen.

1.2. Niedrig-aktivierende Stahl-Legierungen

Den nächsten Schritt in der Entwicklung von Strukturwerkstoffen bilden die ferritisch-martensitischen 9% Cr Stähle. Sie bieten gegenüber den austenitischen Werkstoffen den Vorteil der kubisch-raumzentrierten (krz) Kristallstruktur, die weniger zur Einsatzversprödung neigt und zudem eine höhere Eigendiffusion besitzt [2]. Des Weiteren ist die Wärmeübertragung von ferritisch-martensitischen Stählen besser als von Austeniten (25 zu 15 W/mK). Auf Nickel als Hauptlegierungselement wird verzichtet und somit kann die Produktionsrate für Helium im Material gesenkt werden. Das Entfernen von Nickel eröffnete auch die Möglichkeit an reduziert-aktivierbaren Werkstoffen zu forschen.

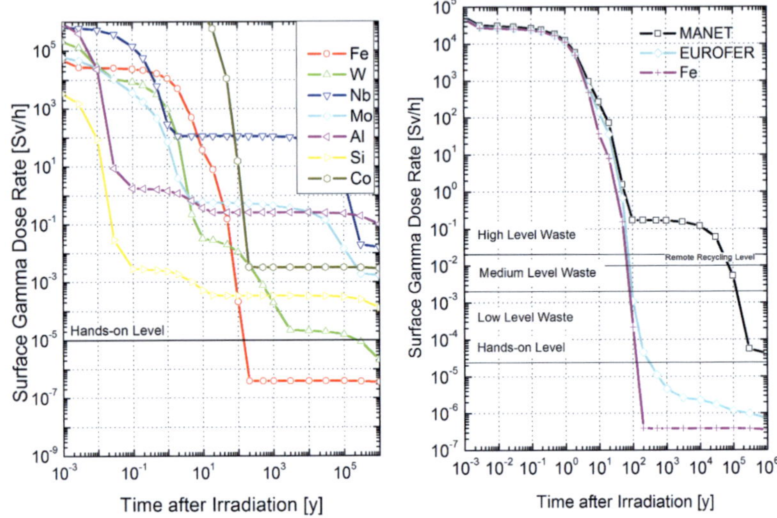

Bild 1.1.: Radioaktivität nach einer Lebensdauer von 5 Jahren und einer Last von 12.5 MWy/m^2 für ausgewählte Elemente und Legierungen.[3]

Durch den Verzicht auf bestimmte Elemente, die unter Bestrahlung in langlebige Isotope transmutieren, kann der Aufwand für das Recycling nach der Einsatzzeit gesenkt werden. Der Anteil an hoch aktivem, langzeitradioaktiven Material kann dadurch drastisch verringert werden. In diesem Zusammenhang sehr schädliche Elemente sind z. B. Molybdän, Niob und Kobalt. Sie können jedoch recht einfach durch andere Elemente wie Wolfram, Vanadium und Tantal ersetzt werden. Abb. 1.1a zeigt den Unterschied zwischen Eisen und einigen ausgewählten Elementen. Die Aktivierung einzelner Legierungen ist in Abb. 1.1b dargestellt. Der als unkritisch angesehene "Hands-on Level"wird bei der optimierten EUROFER Legierung nach ca. 100 Jahren und um eine Größenordnung von 10^4 Jahren früher als bei konventionellen 10-12% Cr Legierungen wie z. B. MANET erreicht.

Die Forschungen auf diesem Gebiet werden auf der ganzen Welt betrieben, EUROFER (Europa), F82H (Japan) und MA957 (USA) sind nur einige bekannte Materialien, die aus diesen Programmen hervorgegangen sind.

1.3. Niedrig-aktivierende ODS-Legierungen

Die Hauptanforderungen an strahlungsresistente Legierungen sind zum einen eine hohe Anzahl an feinen, stabilen Senken für Leerstellen und zur Bildung von hauptsächlich kleinen Heliumbläschen und zum anderen eine hohe Kriechbeständigkeit. Dadurch wird der Betrieb bei hohen Temperaturen erst möglich [2]. Inspiriert durch Entwicklungen bei mechanisch legierten Nickel-Basis Legierungen mit Partikeln zur Teilchenhärtung wurden erste Versuche mit Dispersionsoxiden gehärteten Stahl-Legierungen durchgeführt. Durch mechanisches Legieren werden Elemente mit geringer Löslichkeit in Eisen in ferritisch-martensitischem (FM) Stahlpulver zwangsgelöst. Diese Elemente sind zudem bestrebt mit freiem Sauerstoff im Material Oxide zu bilden. Daher scheiden sich beim anschließenden Kompaktieren und thermo-mechanischen Nachbehandeln nanoskalige Oxidpartikel im gesamten Gefüge aus. Kommerzielle Legierungen wie PM2000 von PLANSEE SE oder MA957 von INCO sind mittlerweile nicht mehr erhältlich, da ihre Produktion auf Grund zu geringer Nachfrage eingestellt wurde. Diese Legierungen sind durch ihre Oxidpartikel im Gefüge kriechfest bei hohen Temperaturen und durch einen hohen Anteil an Aluminium zudem sehr oxidationsbeständig. Die Größe und Verteilung der Oxidpartikel ist jedoch nicht mit ODS-Legierungen im heutigen Sinne zu verstehen. Die einzelnen Partikel sind ca. 1-2 Größenordnungen größer als bei modernen ferritschen ODS-Legierungen.

Am Institut für Angewandte Materialien (IAM) ist das Prinzip zur Herstellung von ODS-Materialien auf die niedrig-aktivierende EUROFER Legierung angewandt worden [5]. Yttriumoxid (Y_2O_3) wurde dabei als Oxid gewählt, da es durch seine hohe thermische Stabilität ($T_S = 2410°C$) und

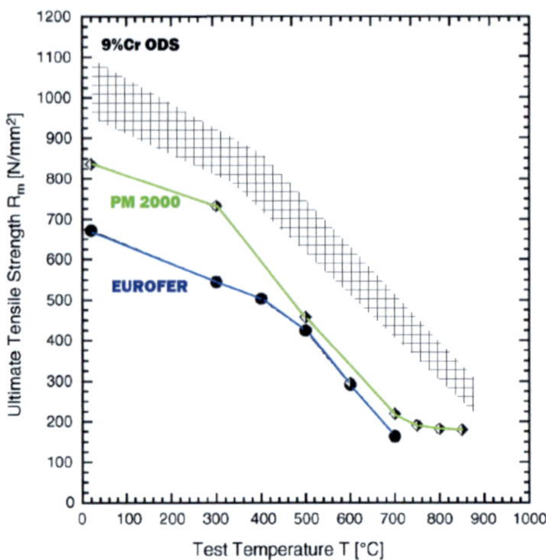

Bild 1.2.: Zugfestigkeit verschiedener ODS-Legierungen im Vergleich mit EURO-FER [4]

der hohen Standardbildungsenthalpie ΔG_f° im Gegensatz zur umgebenden Eisen-Chrom Matrix bis zur Schmelze nicht zu zersetzen ist [6]. Bei höheren Temperaturen (ca. 1300°C) kann es jedoch auf Grund der Nanoskaligkeit zum Vergröbern der Partikel kommen. Einen weiteren Vorteil bildet der im Vergleich zu (Eisen-) Gitteratomen große Massen- und Volumenunterschied, der die Nano-Cluster zu idealen Senken für Leerstellen und Helium macht. Nach Optimierungen und Versuchen an dieser Legierung ([7] [8]) konnten exzellente mechanische Eigenschaften erreicht werden, die, im Hinblick auf die Kriechbeständigkeit, Größenordnungen über dem konventionellen 9%Cr EUROFER Material liegen (Bild 1.2). Ein grundlegendes Problem aller ODS-Legierung besteht jedoch in der Duktilität. So bieten Bruchdehnung und die Spröd-Duktil-Übergangstemperaturen aller 9%Cr ODS-Legierungen noch Spielraum zur Optimierung. Bild 1.3 zeigt, dass die Übergangstemperatur im Kerbschlag-Biegeversuch von ODS-EUROFER je nach Wärmehandlung bei ca. 20°C-150°C liegt [4].

Zur vollständigen Charakterisierung der ODS-EUROFER Legierungen ent-

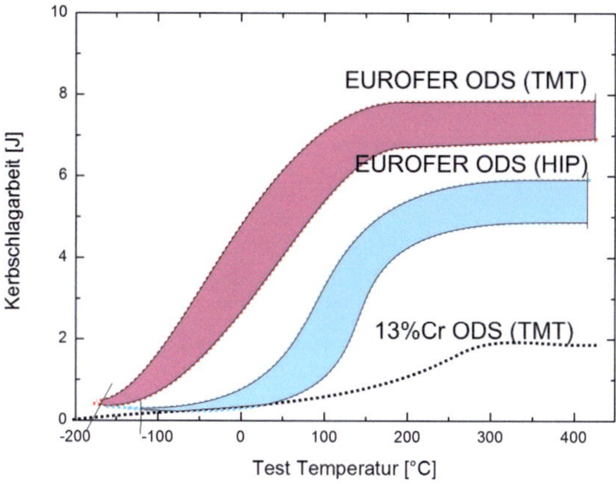

Bild 1.3.: Vergleich der Kerbschlagzähigkeit verschiedener ODS-Legierungen [4, 6]

standen etliche Studien, die sich mit der Verteilung, Zusammensetzung und Kristallorientierung der Oxidpartikel beschäftigten. Klimenkov et al. [9] studierten erstmals 2004 die chemische Zusammensetzung der Oxidpartikel. Es stellte sich heraus, dass sie nicht als Y_2O_3 ausgeschieden werden, sondern sich als Y-Ti-O Komplex-Oxide bilden. Bild 1.4 zeigt eine hochauflösende TEM Aufnahme eines solchen Partikels mit der entsprechenden Fast-Fourier-Transformation (FFT), die das reziproke Kristallgitter darstellt. Aus der FFT lässt sich aus den hexagonal angeordneten Reflexen die $\{110\}_M$ Kristallebene der umgebenden Matrix erkennen. Der Gitterabstand beträgt 2.03 Å. Das innere Rechteck weist auf die $\{222\}_{YO}$ Gitterebene hin, die einen Abstand von 3.06 Å haben [9]. Der markierte Winkel 70.5° beschreibt die Orientierung zwischen $\{222\}_{YO}$ und $\{110\}_M$, woraus sich ergibt dass das Y_2O_3 Partikel mit der $\{110\}$ Ebene entlang der Zonenachse orientiert ist ($[111]_M\|[110]_{YO}$). Der Winkel zwischen $[1\bar{1}1]_{YO}\|[0\bar{1}1]_M$ beträgt 10.5° [9]. Diese Orientierung der Teilchen kann häufig bei sehr kleinen Oxidpartikeln mit Durchmessern $d_{YO} < 15$ nm gefunden werden. Die starke Korrelation zwischen Matrix und Oxidpartikeln begünstigt die festigkeitssteigernden Eigenschaften der Teilchen, da eine Mischung aus kohärenten und teil-kohärenten Hindernissen vorherrscht. Auf diese Mechanismen wird im nächsten Abschnitt näher eingegangen.

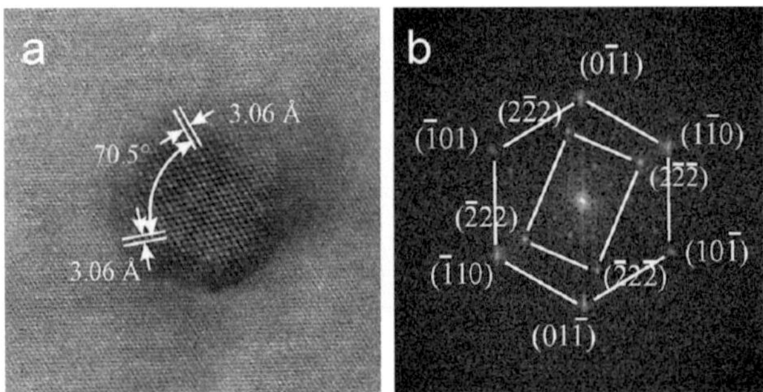

Bild 1.4.: Hochauflösende TEM Aufnahme eines Y_2O_3 mit umgebender Matrix in Eurofer-ODS [9]

Klimenkov et al. [10] konnten die chemische Zusammensetzung der Oxidteilchen als $Y_2Ti_2O_7$ mit Hilfe von analytischer Transmissionselektronenmikroskopie an einzelnen Partikeln bestimmen. Jüngste Studien mit Röntgenabsorptionsspektroskopie kamen zum gleichen Ergebnis [11]. Die Oxidpartikel könnten zudem als Senke für das Sammeln von durch Transmutation entstandenen Edelgasen im Material dienen. Klimenkov et al. [10] konnten nachweisen, dass aus der Materialherstellung stammendes, überschüssiges Argon sich an den Oxidpartikeln sammelt.

1.3.1. Von ferritisch-martensitischen ODS-Legierungen zu ferritischen ODS-Stählen

FM Stähle besitzen auf Grund ihrer chemischen Zusammensetzung einen Phasenübergang von α - Eisen (Ferrit) nach γ - Eisen (Austenit). Um die gewünschten Werkstoffeigenschaften zu erhalten, ist eine Wärmebehandlung dieser Materialien nötig. Der Phasenübergang ist bei ca. 920°C vollständig durchlaufen [12]. Ein anschließendes Abschrecken bildet ein sprödes, martensitisches Gefüge mit hohen Eigenspannungen. Erst das Anlassen bei

700°C - 800°C führt zur Entspannung des Kristallgitters und Erhöhung der Duktilität. Dies geschieht über die Diffusion von Kohlenstoff aus dem Gitter, der feinverteilte Karbide bildet, die zur Festigkeitssteigerung beitragen. Zu langes Anlassen formt grobe Karbide, die den Werkstoff verspröden. Die Anwendungstemperatur von FM Stählen muss somit deutlich unterhalb der Anlasstemperatur liegen.

Durch diesen Nachteil wurde weltweit die Entwicklung von reduziert-aktivierenden ferritischen (RAF) ODS-Legierungen vorangetrieben. Bekannte Vertreter dieser Klasse sind die 12-14% Chrom-Stähle 12WYT und 14WYT (Oak Ridge National Lab [13]), MA957 (USA, kommerzielles Produkt) sowie eine große Menge an Versuchschargen, die im derzeit umfangreichsten ODS-Forschungsprogramm in Japan unter Prof. Ukai entwickelt wurden [2]. In jüngster Zeit zeigten auch neu gestartete Aktivitäten in China, Indien und Süd-Korea vielversprechende Ergebnisse [14]. Auch am IAM wurde die Forschung im Bereich RAF-ODS kontinuierlich vorangetrieben [6, 15, 11].

Abschließend sollen hier nun noch einmal die Eigenschaften der ODS-Legierung zusammengefasst werden. Die Vorteile der ferritischen ODS-Legierungen gegenüber den ferritisch-martensitischen (FM) ODS-Stählen sind:

Einsatztemperatur

Ferritisch-martensitische (ODS) - Legierungen sind in ihrer Einsatztemperatur begrenzt durch die Phasenumwandlung des Materials von α- zu γ-Eisen. Beim Überschreiten dieser Temperatur ändert sich schlagartig das Werkstoffverhalten durch die Bildung von Austenit-Gefüge. Beim erneuten Abkühlen bildet sich sprödes Ferrit-Martensit-Gefüge und der Werkstoff wird im nicht angelassenen Zustand als Strukturbauteil unbrauchbar. 12-14% Chromstähle zeigen diese Phasenumwandlung nicht und sind nur durch den Festigkeitsabfall in ihrer Einsatztemperatur beschränkt. Aktuelle Forschungsthemen sind die Optimierung der Legierungen um diesem Festigkeitsabfall entgegenzuwirken.

Korrosionsbeständigkeit

Ferritisch-martensitische Stähle mit Chromgehalten zwischen 8 und 9% bieten nur im begrenzten Maße Korrosionsschutz. Bei rein ferritischen Stählen kann der Chromgehalt weiter erhöht werden und die Korrosionseigenschaften damit verbessert werden. Es ist jedoch anzumerken, dass der Chromgehalt nicht beliebig gesteigert werden kann. So bildet sich zum einen ab bestimmten Konzentrationen die spröde σ - Phase (intermetallische Fe-Cr Verbindung), zum anderen sind die Eigenschaften unter Neutronenbestrahlung von der chemischen Zusammensetzung beeinflusst. Zudem gibt es für Bestrahlungsdefekte ein Minimum bei ca. 9% Chrom. Überschreitet man diesen Wert, verschlechtern sich die Eigenschaften zunehmend [16]. Eine weitere Strategie zur Erhöhung der Korrosionsbeständigkeit besteht im Zulegieren von Aluminium bis zu einem Anteil von ca. 5 Gew.%, was jedoch einen Festigkeitsabfall zur Folge hat. Ein Teilaspekt der durchgeführten Arbeiten im Rahmen dieser Arbeit beschäftigt sich mit dieser Problematik.

Kohlenstoffgehalt

Um die Phasenumwandlung in Martensit zu ermöglichen muss in FM-Stählen Kohlenstoff vorhanden sein. Beim Wärmebehandeln dieser Stähle bilden sich große, kohlenstoffhaltige $M_{23}C_6$ Ausscheidungen, die sich negativ auf viele mechanische Eigenschaften des Materials auswirken [17]. In ferritischen Stählen ist kein Kohlenstoff nötig und der C-Gehalt kann auf den geringsten, technisch möglichen Wert reduziert werden.

Trotz dieser genannten Vorteile haben ferritische (ODS-)Legierungen auch Nachteile gegenüber FM Stählen:

Rekristallisation

Ferritische Stähle können nur durch vorhergehende, ausreichende Kaltverformung zur Rekristallisation angeregt werden. Dies muss schon während des Produktionsprozesses geschehen. Die Reduktion der Korngröße und Kornform ist beim fertigen Strukturbauteil nicht mehr möglich. Zudem behindern die ODS-Partikel auch Kornwachstum nach Kaltverformung und Wärmebehandlung. Ein spannungsfreies, rekristallisiertes Gefüge kann häufig nur nach Wärmebehandlung bei extrem hohen Temperaturen erreicht werden. Bei FM-Stählen lässt sich Kornwachstum einfach durch die Phasenumwandlung anstoßen. Durch Wahl der Temperaturen und Zeiten mit entsprechenden Heiz- und Kühlraten lässt sich sehr einfach eine gewünschte Korngröße auch bei fertigen Bauteilen einstellen.

Plastische Verformbarkeit

Nach der Herstellung sind ferritische ODS-Legierungen sehr spröde. Erst durch thermo-mechanische Nachbehandlungen kann die Duktilität erhöht werden und der Einsatz als Strukturwerkstoff wird so erst möglich. Allerdings erhält man beim Längswalzen nur anisotropes Werkstoffverhalten. Kreuzwalzen, das heißt Änderung der Walzrichtung nach einer bestimmten Anzahl an Umformschritten, ist eine Alternative dazu. Die Größe der Halbzeuge wird jedoch durch die Walzenbreiten stark eingeschränkt. Zudem muss die Umformung bei sehr hohen Temperaturen stattfinden, um eine ausreichende Duktilität des Materials zu gewährleisten. Im Allgemeinen ist die Herstellung von Halbzeugen wie Platten und Rohren aus ferritischen Legierungen mit größerem Herstellungsaufwand verbunden.

Spröd-Duktil Übergangstemperatur

Dieser Punkt ist kein auf ferritische oder FM-Legierungen begrenzter Nachteil, sondern gilt im Allgemeinen für viele ODS-Stähle. Die Spröd-Duktil Übergangstemperaturen sind wesentlich schlechter, als die der nicht-ODS

Pendants mit gleicher chemischer Zusammensetzung. Im Falle von EURO-
FER97 und EUROFER beträgt dieser Unterschied fast 200°C (Bild 1.3).
Bisherige Versuche mit 13 %Cr ODS-Legierungen ergaben Übergangstem-
peraturen jenseits von 200°C bei einer sehr niedrigen Hochlage von 2 J [6].
Die Erhöhung der dynamischen Risszähigkeit (gemessen im Kerbschlag-
Biegeversuch) ist eines der Hauptziele dieser Arbeit.

1.3.2. Herstellung und Eigenschaften von ODS-Legierungen

Es existieren viele verschiedene Prozessketten zur Herstellung von ODS-
Legierungen.

Mechanisches Legieren kann mit verschiedenen Arten von Kugelmühlen
durchgeführt werden. Alle Mühlen basieren dabei auf dem Prinzip, dass
Stoß- und Reibevorgänge von Mahlkugeln mit dem Mahlgut (Stahl- und
Oxidpulver) ein Auflösen des Oxides in der Matrix bewirken. Die Mühlen
unterscheiden sich hauptsächlich in der Größe der Mahlkugeln und der Art
der Bewegung. Planetenkugelmühlen arbeiten üblicherweise mit großen Kugeln (Durchmesser 1-2 cm) und indirekter Bewegung der Kugeln über die
Rotation des Mahlbehälters. Typische Drehzahlen bewegen sich zwischen
300 bis 500 U/min [2]. Planetenkugelmühlen können für die Produktion
von kleinen Laborchargen von wenigen Kilogramm eingesetzt werden (z.B.
Fritsch Pulverisette 5/4 1 kg pro Ladung). Attritormühlen, wie sie auch am
IAM verwendet werden, funktionieren mit Rotoren, die in direktem Kontakt mit dem Mahlkugeln stehen und diese beschleunigen. Attritormühlen
können auf Grund ihres Aufbaus hochskaliert werden und erlauben auch die
Produktion von mehreren Kilogramm Material (z.B. ZoZ CM900: 10 kg pro
Ladung). Der Energieeintrag des Rotors in das zu mahlende Pulver ist auch
höher als bei Planetenkugelmühlen, so dass die Mahlzeiten verkürzt werden
können. Die innengekühlte Mahltrommel erlaubt es zudem die entstehende
Prozesswärme leichter abzuführen.

Beim Zusammentreffen zweier Kugeln werden Pulverpartikel zwischen diesen eingeklemmt und plastisch verformt (Abb. 1.5). Durch die entstehende Kaltverformung werden die Partikel aufgebrochen. An den neu geschaffenen Oberflächen können Partikel wieder miteinander verschweißen. Dies führt zunächst zu einem Anstieg der Partikelgröße. Die Partikelgrößenverteilung wird über einen großen Bereich gestreckt und es entstehen Pulverteilchen, die bis zu 3-mal größer als der Ausgangszustand sind. Mit zunehmender Mahldauer kommt es zu sehr hoher Kaltverformung und das stark defektbehaftete Material bricht in kleinere Partikel auf [18].

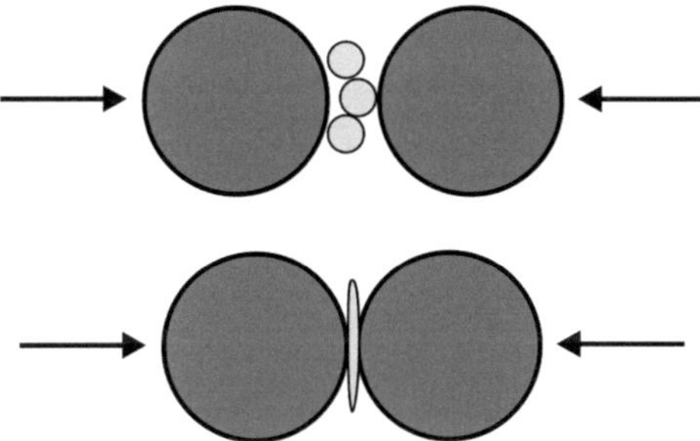

Bild 1.5.: Stoßvorgänge zwischen Pulverpartikeln und Mahlkugeln

Beim mechanischen Legieren wird eine (im Gleichgewicht) unlösliche Phase in einem anderen Pulver aufgelöst. Dieser Vorgang geschieht außerhalb des thermodynamischen Gleichgewichtes und wird durch die Struktur des legierten Pulvers ermöglicht. Dieses ist durch die vielen Stoß- und Umformprozesse hochgradig defektbehaftet und gesättigt mit Gitterfehlern. Die genauen Mechanismen hinter dem mechanischen Legieren konnten bis heute jedoch noch nicht vollständig identifiziert und verstanden werden. Diese sind nach wie vor weltweiter Forschungsgegenstand. In Abb. 1.6 ist eine Modellvorstellung zum mechanischen Legieren dargestellt. Die unlösliche Phase B wird immer weiter aufgebrochen und im Stoff A feinverteilt bis sie als Atomlösung vorliegt.

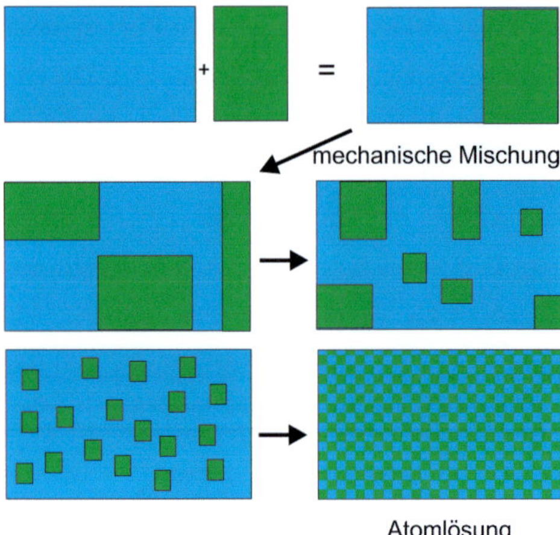

Bild 1.6.: Modellvorstellung des mechanischen Legierens von zwei unlöslichen Komponenten A und B

Nach dem mechanischen Legieren muss das Pulver kompaktiert werden, um einen dichten Werkstoff zu erhalten. Hierzu gibt es zwei verschiedene Strategien. Zum einen kann das Pulver direkt in Stahlkapseln gefüllt werden und in einer hydraulischen Presse heißextrudiert werden, zum anderen kann die Kapsel auch bei hohem Druck und Temperatur heiß-isostatisch gepresst werden. Bei beiden Prozessen kommt es in der metastabilen, mechanisch legierten Mischung zum Ausscheiden der gelösten Phase. Es bilden sich Yttrium-Oxid Cluster. Diese Cluster müssen nicht zwangsläufig die Zusammensetzung des ursprünglich zugegebenen Oxides (Y_2O_3) haben. Bei der Anwesenheit weiterer starker Oxidbildner wie Titan bilden sich Komplexoxide. Auf Grund der Größe der ausgeschiedenen Cluster ist deren Mobilität niedrig und sie bleiben stabil im Gefüge. Die Feinverteilung bleibt somit über weite Temperaturbereiche erhalten.

Mechanisches Legieren ist notwendig, um diese Feinverteilung der Oxidpartikel zu erreichen. Gäbe man die Partikel während eines schmelzmetallurgischen Prozesses hinzu, würde der große Dichteunterschied zwischen Stahlschmelze ($\rho \approx 7.5\ g/cm^3$) und Oxidpulver (Y_2O_3: $\rho \approx 5\ g/cm^3$) zum

Absetzen des Pulvers an der Oberfläche der Schmelze führen. Auch einfaches Mischen von Stahl- und Oxidpulver mit anschließendem Sintern führt nicht zu einer Feinverteilung, da Kornwachstum nur um die Partikel herum stattfinden kann. Die Oxidteilchen befänden sich im gebildeten Sintergefüge nur entlang der Korngrenzen und würden zu einer Versprödung des Materials führen, ohne andere Eigenschaften zu verbessern.

1.3.3. Materialschädigung unter Neutronenbestrahlung

Die Schädigung von Materialien unter Bestrahlung entsteht durch das Auftreffen energiereicher Teilchen. Diese Teilchen können Neutronen, Ionen, Elektronen oder Röntgenstrahlen sein. Bei Fusions- und Kernkraftwerken tritt der Schaden am häufigsten durch Neutronenbestrahlung auf. Trifft ein einfallendes Teilchen ein Gitteratom des Materials, wird es von seinem ursprünglichen Gitterplatz versetzt und lässt eine Leerstelle zurück. Das Atom kommt anschließend auf einem Zwischengitterplatz zur Ruhe und wird zu einem Interstitionsatom. Zusammen mit der zurückgelassenen Leerstelle bildet es ein Frenkel-Paar. Die Vorgänge beim Auftreffen von Strahlung werden als Strahlungs-Schädigungs-Ereignis bezeichnet und dauern ca. $10^{-11}\,s$ [1].

Die statistische Anzahl der Ver- oder Umsetzungen eines Atoms ist ein Maß für die Schädigung des Materials durch Bestrahlung. Sie wird in der Einheit dpa (*displacements-per-atom*) angegeben und kann auch mit einem Zeitraum für die Schädigung angegeben werden (z. B. dpa/Jahr). 1 dpa bedeutet, dass statistisch betrachtet jedes Atom im Zeitraum einmal verlagert wurde. Abb. 1.7 zeigt den Ablauf eines Schädigungs-Ereignisses [1]:

1. Wechselwirkung eines einfallenden Partikels mit einem Gitteratom

2. Übertragung der kinetischen Energie auf das Gitteratom, das ein primäres Rückstoßatom (engl: primary knock-on atom: PKA) erzeugt

3. Verschiebung des PKA aus dem Gitterplatz

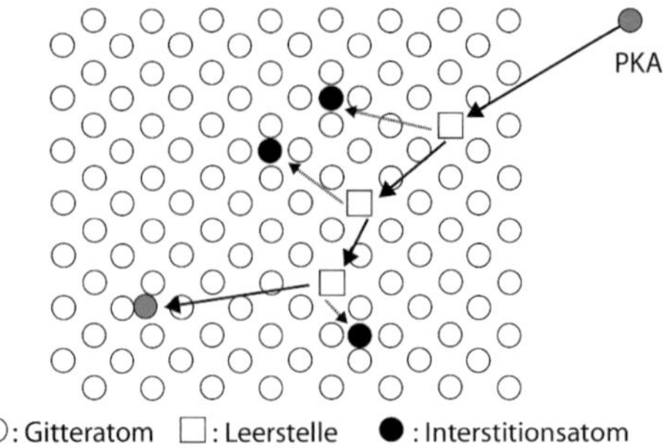

Bild 1.7.: Schematisches Bild einer Schädigungskaskade

4. Abbremsen des PKA beim Durchlaufen des Kristallgitters unter der Bildung weiterer Rückstoßatome

5. Hinterlassen einer Schädigungskaskade (Menge der durch das PKA erzeugten Punktdefekte)

6. Stillstand des PKA auf einem Zwischengitterplatz

Das Ergebnis der Kaskade ist eine größere Anzahl von Punktdefekten in Form von Leerstellen und Interstitionsatomen (Frenkel-Paare) und lokale Anhäufungen dieser Fehler im Kristallgitter (Defekt-Cluster). Im Anschluss an die Schädigungskaskade setzt die Wanderung, Rekombination und Clusterbildung der Defekte ein. Diese Vorgänge werden als Strahlungsschäden bezeichnet. Die Anwesenheit von Strahlungsschäden bestimmt die nachfolgenden, physikalischen Effekte und Änderungen der mechanischen Eigenschaften des Materials.

Physikalische Effekte

Die folgenden Phänomene werden als physikalische Effekte zusammengefasst:

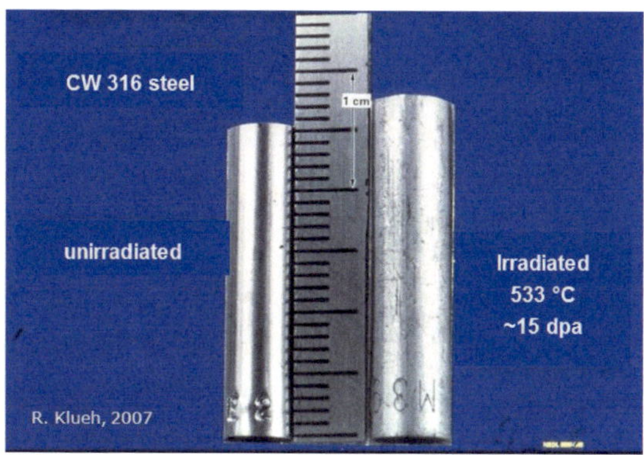

Bild 1.8.: Schwellen einer 316 Stahlprobe nach Bestrahlung bei 533°C und ca. 15 dpa [3]

Strahlungsinduziertes Schwellen

Die Folge der oben beschriebenen Kaskaden ist eine erhöhte Anzahl an Leerstellen im Werkstoffgefüge. Diese Leerstellen können sich mit geringem Widerstand im Werkstoffgefüge bewegen und zu Poren ansammeln. Die Entstehung von Poren im Gefüge führt zur Dehnung des Werkstoffs und bewirkt makroskopisch ein Anschwellen des Materials. Abb. 1.8 zeigt einen austenitisches Stahlprobe nach Bestrahlung in einem thermischen Kernspaltungsreaktor bei 533°C und ca. 15 dpa.

Strahlungsinduzierte Segregation

Bei Bestrahlung bei erhöhten Temperaturen werden die (gelösten) Legierungselementen und Verunreinigungen im Material neu verteilt. Es kommt zur Verarmung oder Anreicherung von Legierungselementen an Senken wie Korn- oder Phasengrenzen, Versetzungen und Poren. Dieser Vorgang wird ausgelöst, da die Bewegung von Punktdefekten mit der Bewegung von Elementen im Gefüge gekoppelt ist. Beim Wandern von Punktdefekten zu den oben genannten Senken tritt nun gleichzeitig ein An- oder Abreichern der gekoppelten Elemente auf. Diese Entmischung führt zur Auflösung von Phasen im Material. Unter Bestrahlung können auch Löslichkeitsgrenzen überschritten werden, die dann zur Bildung von metastabilen Phasen führen.

Bildung von Defektclustern

Eine Schädigungskaskade erzeugt neben einzelnen Punkt-Fehlern einen signifikanten Anteil an Defekt-Clustern. Der Bereich in dem die Neutronen auftreffen und die Energie an die Atome weitergeben, ist weit außerhalb des thermodynamischen Gleichgewichts. Im Ausbreitungsbereich der Kaskade bildet sich eine Zone, die dichter mit Atomen besetzt ist. Diese Zone wird von einer Zone geringerer Atomdichte begrenzt. Nach der Kaskade wird die dichtere Region zu Zwischengitter-Defekten und die lichten Regionen zu Leerstellen [19]. Die Defekt-Cluster können entweder wachsen durch das Aufnehmen von Defekten gleichen Typs (Leerstellen werden zu Poren) oder schrumpfen durch Aufnehmen gegenteiliger Defekte Zwischengitteratome. Das Wachsen von Poren führt zur Volumenzunahmen und damit Schwellen des Materials, welches sich je nach Bestrahlungsstärke und -dauer sehr drastisch auswirken kann (Abb. 1.8).

Bildung von Blasen

Bläschen innerhalb des Materials unterscheiden sich zunächst nur wenig von Poren. Per Definition sind Bläschen jedoch mit (unlöslichen) Gasen gefüllt, die sich durch Transmutation bilden. Das Neutronenspektrum von schnellen und thermischen Kernspaltungsreaktoren bildet Helium durch Transmutation. Voraussetzung für das Auftreten von Bläschen ist die Diffusion von unlöslichen Inert-Gasen im Gefüge. Oberflächen eines Bläschens sind einem Innendruck durch das Gas ausgesetzt, was die typische runde Form hervorruft. Hierdurch sind sie auch im Transmissions-Elektronen-Mikroskop von Poren zu unterscheiden. Poren sind nicht mit Gas unter hohem Druck gefüllt und können daher auch ovale Form annehmen.

Änderung der mechanischen und physikalischen Eigenschaften

Die folgenden Phänomene werden als Änderung der mechanischen und physikalischen Eigenschaften der Materialien unter Bestrahlung zusammengefasst:

Wasserstoffversprödung

Durch Transmutation bildet sich Wasserstoff im Material, der durch das Gitter diffundieren kann. Einzelne Wasserstoffatome sammeln sich an Gitterfehlstellen. Bei entsprechend hoher Konzentration können sich an inneren Grenzflächen Wasserstoffatome zu H_2 - Molekülen verbinden und als Gas (das heißt in einer Pore) in Lösung gehen. Durch diesen Vorgang werden Gasbläschen im Material gebildet. Einzelne Wasserstoffatome führen zur Versprödung des Materials durch die Schwächung der interatomaren Bindungskräfte. Dabei wird die Festigkeit sowie die Bruchdehnung reduziert. Wasserstoff spielt auch eine große Rolle bei der Spannungsrisskorrosion. Hierbei hat Wasserstoff, der sich in der Rissspitze ansammelt, ein beschleunigtes Risswachstum zur Folge.

Transmutation

Als Transmutation bezeichnet man die Eigenschaft von Atomkernen Neutronen aufzunehmen und anschließend durch radioaktiven Zerfall in andere Elemente umzuwandeln. Die Transmutation von Werkstoffen in strahlendes Material z. B. in einem Kernreaktor wird als Aktivierung bezeichnet. Einige Legierungsbestandteile von Stählen können sich dabei in sehr langlebige (> 100 000 Jahre) Isotope umwandeln. Am Ende der Laufzeit eines Reaktors müssen die aktivierten Materialien über einen bestimmten Zeitraum als radioaktiver Müll eingelagert werden.
Erfolgt die Umwandlung der Isotope durch Alpha-Zerfall, entstehen im Material geladene Heliumkerne. Helium kann sich im Werkstoffgefüge

nur durch Leerstellenwanderung bewegen. Dadurch wächst es zu Bläschen. Diese gasgefüllten Blasen haben ähnlich negative Eigenschaften auf das Werkstoffverhalten wie die oben bereits beschriebenen Poren [1]. Die dominierende Reaktion zur Bildung von Helium ist die Umwandlung von Bor (Verunreinigung im Material) zu Lithium und die zweitstufige Reaktion von Nickel (Hauptlegierungselement in austenitischen Stählen) zu Eisen:

$$^{10}\mathrm{B} + n \rightarrow {}^{7}\mathrm{Li} + \alpha$$

$$^{58}\mathrm{Ni}(n, \gamma) \rightarrow {}^{59}\mathrm{Ni}(n, \alpha) \rightarrow {}^{56}\mathrm{Fe} + \alpha$$

1.4. Aufbau der Arbeit

Im ersten Teil dieser Arbeit wurde bereits eine Einleitung zu Strukturwerkstoffen für die Fusions- und Kerntechnik gegeben. Im folgenden Kapitel sollen die theoretischen Grundlagen für die Arbeit beschrieben werden. Hier wird insbesondere auf die Mechanismen von teilchenverstärkten Eisenlegierungen und deren Gefüge und Textur nach Warmumformung eingegangen. Das Kapitel schließt mit einer kurzen Einführung in die Röntgenabsorptionsspektroskopie. Die Produktionsparameter sowie die einzelnen Versuchsbeschreibungen werden in Kapitel 3 erläutert.

Die Betrachtung und Diskussion der Ergebnisse erfolgt in drei unabhängigen Teilkapiteln. Dies entspricht auch der zeitlichen Abfolge des Arbeitsprogrammes. Zunächst wurden Versuche an der Referenzlegierung mit Y_2O_3-haltigen ODS-Partikeln durchgeführt, die zur allgemeinen Verbesserung der mechanischen Eigenschaften und Mikrostruktur führen sollten. Im anschließenden Teil werden der ferritischen Grundlegierung verschiedene Oxide statt Y_2O_3 zugefügt. Die Eignung dieser Oxide als ODS-Partikel soll damit untersucht werden. Den Abschluss des experimentellen Teils bildet eine Legierungsvariation mit verschiedenen aluminiumhaltigen Chargen, die zur Steigerung der Korrosionsbeständigkeit führen sollen.

Die Arbeit schließt mit einer umfassenden Gesamtdiskussion der einzelnen oben beschriebenen Teilgebiete sowie mit einem kurzen Ausblick auf die Zukunft.

2. Grundlagen und Theorie

2.1. Verfestigungsmechanismen

Die Festigkeitswerte ferritischer ODS-Legierungen sind konventionellen Stahllegierungen gleichen Typs überlegen. Die teils enormen Festigkeitssteigerungen sind auf verschiedene Verfestigungsmechanismen zurückzuführen. Die in Frage kommenden Mechanismen sollen nun näher betrachtet werden.

2.1.1. Verfestigung durch Teilchen

Bei der Herstellung von ODS-Legierungen macht man sich einen Mechanismus zu Nutze, der schon sehr lange bei anderen Metallen wie z. B. Aluminiumlegierungen angewandt wird. Im Material wird dazu eine zweite Phase eingebracht, die sich unter bestimmten Voraussetzungen in der Legierung lösen und anschließend durch geeignete Wärmebehandlungen wieder ausgeschieden werden kann. Diese zweite Phase wirkt als Hindernis für Versetzungsbewegungen und führt dadurch zu einer Festigkeitssteigerungen des Materials. Im Falle der bereits erwähnten Aluminiumlegierung (z. B. Al-4Cu) wird das üblicherweise durch Zusatz von Kupfer erreicht (ca. 4% Massenanteil), das bei hohen Temperaturen vollständig löslich ist, sich aber beim Abkühlen wieder ausscheidet [20]. Bei ODS-Legierungen wird nur eine geringe Menge an Oxiden wie Y_2O_3 zugemischt. Daher gibt es keine großen zusammenhängenden Phasengebiete aus Y_2O_3, sondern im Idealfall nur feine Oxidpartikel.

Bei ODS-Legierungen mit ihren Oxidzusätzen kann auf die oben beschriebene Methode zum Einbringen der Ausscheidungen nicht zurückgegriffen werden, da die Oxidphase auch bei hohen Temperaturen bis zur Schmelze unlöslich bleibt. Daher muss das im vorangegangen Kapitel beschriebene

Prinzip der Zwangslösung während des mechanischen Legierens angewandt werden. Durch diese Behandlung können die Oxidpartikel nanometergroß und homogen im gesamten Gefüge verteilt werden. Eine weitere Möglichkeit diese Feinverteilung zu erreichen ist die innere Oxidation der zweiten Phase mit ungebundenem Sauerstoff im Material. Die oft vorgeschlagene dritte Möglichkeit zur Einbringung dieser Phase durch Sintern kann bei ODS-Stahllegierungen nicht angewandt werden, da sich in diesem Fall die Oxidpartikel nur an Korngrenzen sammeln können und nicht innerhalb der Körner auftreten [21].

Das Wachstum der Oxidteilchen ist nach dem Ausscheiden jedoch nicht beendet. Durch *Ostwald-Reifung* können die Partikel weiter wachsen und ab einer bestimmten Größe ihre positiven Eigenschaften auf das Werkstoffverhalten verlieren. Auf Grund des Größenunterschieds zwischen den Atomen der Ausscheidungspartikel und den Gitteratomen ist die Diffusionsgeschwindigkeit im Werkstoffgefüge gering. Die Ostwald-Reifung findet daher im Bereich der Anwendungstemperatur nicht statt. Die Löslichkeit von Yttrium und Sauerstoff in einer ferritischen Eisen- bis zur Schmelze ist sehr gering (<0.01%). Dadurch kommt es nicht zum vorzeitigen Auflösen der Oxidteilchen. Wie bereits im letzten Kapitel erwähnt, kann es jedoch vor dem Erreichen der Schmelze schon zur Vergröberung der Teilchen kommen.

In Abbildung 2.1 sind die Mechanismen dargestellt, die eine Festigkeitssteigerung durch Teilchen und zweite Phasen hervorrufen. Kohärente Teilchen mit einem Durchmesser d_T kleiner des kritischen Durchmessers d_c ($d_T < d_c$) können von Versetzungen, die sich durch das Material bewegen, geschnitten werden (Abb. 2.1a). Beim Schneiden hinterlässt die Versetzung eine neue Antiphasengrenze im Partikel (APG). Wird das Teilchen erneut geschnitten, kann sich diese Antiphasengrenze wieder auflösen [21].

Teilchen mit einem Durchmesser größer d_c oder mit inkohärenter Orientierung in der Matrix können von Versetzungen nur umgangen werden, da die Gleitebenen und Burgersvektoren zwischen Teilchen und Matrix unterschiedlich sind. Das Teilchenpaar mit dem Abstand S_T pinnt zunächst die

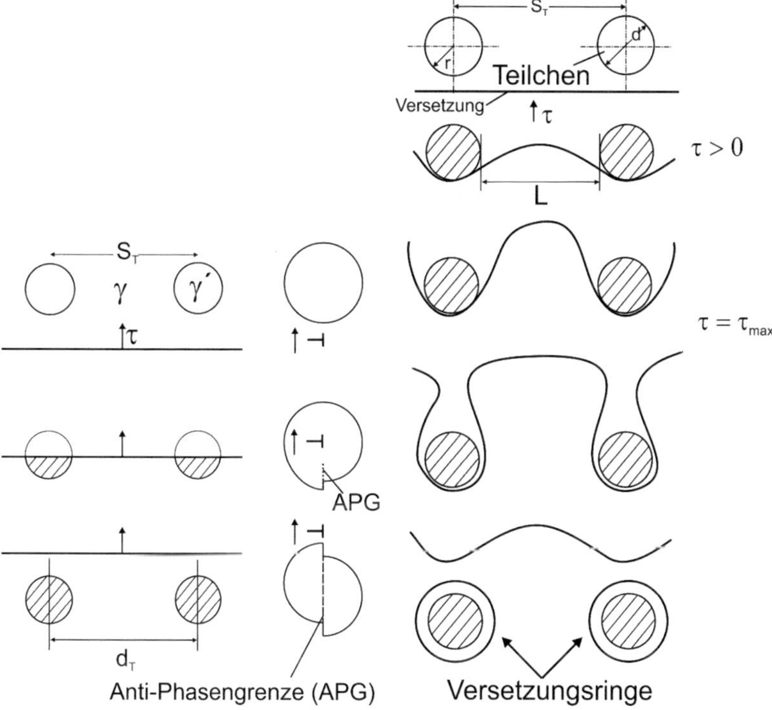

Bild 2.1.: Wechselwirkung einer Versetzung mit kohärenten Partikeln (links) und inkohärenten Partikeln (rechts) [21]

Versetzung, die sich dann auf Grund der Schubspannung τ bis hin zu einem Radius $\frac{S_T}{2} - \frac{d_T}{2}$ durchbiegt (Abb. 2.1b). Die dafür nötige Schubspannung lässt sich durch ihre Ähnlichkeit mit dem Modell der Frank-Reed Quelle berechnen (Gleichung 2.1)[21].

$$\rho_{min} = \frac{S_T - d_T}{2} \tag{2.1a}$$

$$\Delta\tau = \frac{Gb}{2\rho_{min}} \tag{2.1b}$$

$$\Delta\tau = \frac{Gb}{S_T - d_T} \tag{2.1c}$$

ρ_{min} beschreibt dabei die minimale Durchbiegung ρ der Versetzungslinie, die hier dem Abstand zwischen zwei Partikeln entspricht. Übersteigt die anliegende Spannung τ den Wert $\Delta\tau$ ($\tau > \Delta\tau$), wird die Versetzung instabil und es kommt zum Umgehen der Teilchen. Die Schubspannung $\Delta\tau$ berechnet sich aus dem Schubmodul G und dem Burgersvektor b der Versetzung. Das Umgehen der Teilchen geschieht entweder über Quergleiten oder indem sich die Versetzung hinter dem Hindernis wieder zusammenfügt. Hierbei entstehen neue Versetzungsringe. Der letztere Prozess wird auch als *Orowan-Mechanismus* bezeichnet [21].

Die beiden Vorgänge des Schneidens und Umgehens von Teilchen treffen für den Fall der plastischen Verformung bei Raumtemperatur zu. Die Versetzungen sind dabei nur auf ihren Gleitebenen beweglich und können diese nicht verlassen. Erfolgt die Beanspruchung bei Temperaturen von ca. 0.3-0.5 T_S (Schmelztemperatur in Kelvin) kommt mit dem *Kriechen* ein weiterer Mechanismus hinzu. Durch Klettern können sich Versetzungen von Hindernissen befreien, so dass sie weiter gleiten können. Der Klettervorgang ist nur durch Leerstellendiffusion möglich. Die Leerstellen heben die Versetzungslinie im Bereich des Hindernisses auf "höhere" Gleitebenen. Das ermöglicht dann ein Weitergleiten der Versetzung bis zum nächsten Hin-

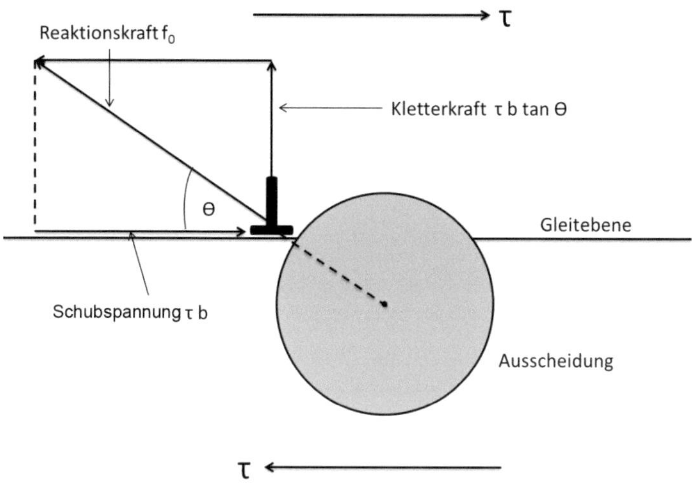

Bild 2.2.: Die Kletterkraft einer Versetzung [20]

dernis [22]. Diese Prozesse werden unter dem Begriff *Versetzungskriechen* zusammengefasst [20].

In Abbildung 2.2 sind die geometrischen Beziehungen für den Klettervorgang dargestellt. Im wahrscheinlichsten Fall trifft die Versetzung nicht auf die Mitte des Hindernisses, so dass eine Kletterkraft $\tau b \tan \theta$ entsteht. Diese Kraft bewirkt eine zusätzliche Verzerrung des Gitters im Bereich des Versetzungskerns. Dadurch agiert die Versetzung im Bereich des Hindernisses als Leerstellensenke. Der Klettervorgang, und damit das Versetzungskriechen, ist also ein diffusionskontrollierter Prozess.

2.1.2. Verfestigung durch Kornfeinung und Versetzungen

Charakteristisch für ODS-Legierungen, die durch mechanisches Legieren hergestellt sind, ist ihre sehr kleine mittlere Korngröße. Diese kleinen Körner tragen auch maßgeblich zur Festigkeitssteigerung bei, da Korngrenzen ein Hindernis für die Versetzungsbewegung darstellen. Die Versetzungen, die

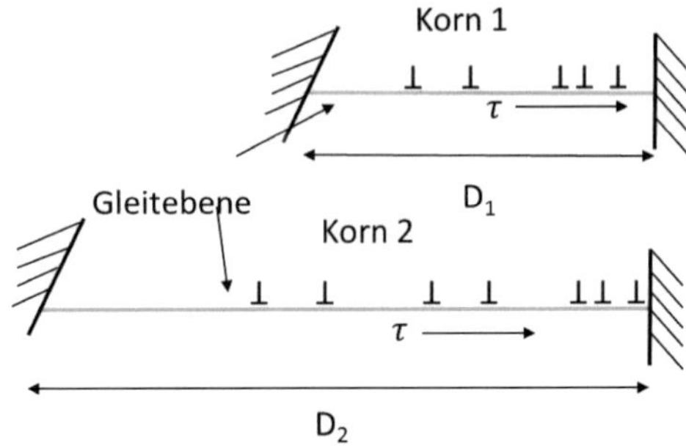

Bild 2.3.: Verfestigung einer Legierung durch Kornfeinung (Hall-Petch-Beziehung)

sich auf einer Gleitebene bewegen, laufen auf eine Korngrenze auf und stauen sich dort [20]. Aus Abb. 2.3 wird klar, dass die Menge an Versetzungen, die sich auf einer Gleitebene stauen, mit kleiner werdendem Korndurchmesser (hier: D_1) abnimmt. Die Zahl der Versetzungen die sich dabei aufstauen können kann mit folgender Formel beschrieben werden:

$$n = \frac{\alpha \tau D}{Gb} \qquad (2.2)$$

Hier steht α für eine Konstante und D für den Durchmesser des Kornes. Es können sich jedoch nicht beliebig viele Versetzungen aufstauen, da auf der anderen Seite der Gleitebene auch ein Aufstauen an der Korngrenze stattfindet. So beträgt die Länge maximal die Hälfte des Korndurchmessers (D/2). Für den Fall der Stufenversetzung kann also nur die Menge

$$n_{max} = \frac{\pi(1-\nu)}{Gb} \frac{D}{2} \tau \qquad (2.3)$$

an Versetzungen aufgestaut werden.

Auf die Versetzung, die der Korngrenze am nächsten ist, wirken nun alle Einzelspannung der nachfolgenden Versetzungen

$$\tau_{max} = n_{max}\tau \qquad (2.4)$$

Diese Spannung wirkt jedoch nicht nur auf das betrachtete Korn 2, sondern reicht im Abstand x noch in das benachbarte Korn hinein.

$$\tau_2(x) = m_2\sigma + \beta(x)\tau_{max} \qquad \beta(x) : ortsabhängiger\ Abklingfaktor \quad (2.5)$$

Beim Erreichen der kritischen Schubspannung τ_c im festen Abstand x_0 tritt Fließen auf. Aus Gleichung 2.3 und 2.5 ergibt sich für diese kritische Schubspannung:

$$\tau_c = m_2\sigma + \beta(x_0)\frac{\pi(1-v)}{2Gb}D\tau^2 \qquad (2.6)$$

Unter der Voraussetzung, dass $m_2\sigma$ vernachlässigbar klein ist gegenüber dem anderen Term und

$$\tau^2 D = const. = k_y'. \qquad (2.7)$$

Bei sehr großen Durchmessern D ist jedoch mindestens die kritische Schubspannung des Einkristalls τ_0 zur plastischen Verformung nötig. Unter dieser Voraussetzung können wir annehmen, dass

$$\tau = \tau_0 + \frac{k_y'}{\sqrt{D}}. \qquad \tau_0 : kritische\ Schubspannung\ des\ Einkristalls \quad (2.8)$$

Bezieht man die Gleichung 2.8 auf die Normalspannung mit $\tau = m\sigma$ und nimmt $k_y = k'_y/m$ an, so ergibt sich die bekannte Form der Hall-Petch-Beziehung (Gleichung 2.9) [23].

$$\sigma = \sigma_0 + \frac{k_y}{\sqrt{D}} \qquad (2.9)$$

Mit dieser Beziehung kann mittels der Materialkonstante k_y die Festigkeitssteigerung durch eine gegebene Korngröße D abgeschätzt werden.

2.1.3. Verfestigung in ferritischen ODS-Legierungen

Die Einzelbeträge der Verfestigungsmechanismen tragen makroskopisch zur Erhöhung der Festigkeit Gesamtstreckgrenze bei. Für die Gesamtstreckgrenze σ_S des Werkstoffs gilt [24]:

$$\sigma_S = \sigma_\perp + \Delta\sigma_M + \Delta\sigma_V + \Delta\sigma_K G + \Delta\sigma_T + \Delta\sigma_R \qquad (2.10)$$

Die einzelnen Anteile, die dazu beitragen lauten wie folgt:

- $\sigma_\perp$: Die Festigkeit eines reinen Metalls als gleichmäßig verteilter Vielkristall.

- $\Delta\sigma_M$: *Mischkristallhärtung*. Durch verschiedene Legierungselemente (z.B. Chrom in Eisen), die einen Mischkristall bilden lässt sich die Festigkeit steigern oder herabsetzen.

- $\Delta\sigma_V$: *Versetzungsverfestigung*. Durch mechanische Behandlung eingebrachte Versetzungen wirken festigkeitssteigernd.

- $\Delta\sigma_K G$: *Korngrenzenverfestigung*. Nach der Hall-Petch-Beziehung führt die sehr kleine Korngröße bei Werkstoffen, die durch mechanisches Legieren hergestellt werden, zur Festigkeitssteigerung.

- $\Delta\sigma_T$: *Dispersionshärtung*. Trägt den Hauptanteil an der Festigkeit von ferritischen ODS-Legierungen.

- $\Delta\sigma_R$: Restliche Beiträge, die zur Verfestigung beitragen. Unter anderem wird hier die Textur- bzw. Orientierungsverfestigung berücksichtigt, die durch die mechanische Umformung (Walzen, Extrudieren) entsteht.

2.2. Texturentwicklung in warmumgeformten ODS-Legierungen

Wie bereits im vorgehenden Kapitel kurz erwähnt, tragen die thermo-mechanischen Behandlungen von ODS-Legierungen wesentlich zur Eigenschaftsverbesserung bei. Dabei werden die Kristallorientierungen des Werkstoffes in bestimmten Vorzugsorientierungen ausgerichtet. Im folgenden Abschnitt werden die Methoden zum Messen, Charakterisieren und zur Darstellung von Kristallorientierungen und Textur erarbeitet.

2.2.1. Messung der Mikrotextur

Die Kristallorientierungen in einem Werkstoff werden schon seit vielen Jahren durch Röntgenbeugungsexperimente gemessen. Dabei kann durch recht einfache experimentelle Aufbauten die Makrotextur einer Probe gemessen werden. Ein wesentlicher Nachteil besteht jedoch darin, dass nur eine Häufigkeitsverteilung verschiedener Orientierungen ermittelt werden kann und Effekte wie die Ausrichtung einzelner Körner oder die lokale Position von Phasen im Material im Verborgenen bleiben.

In den letzten Jahren hat sich Electron Backscatter Diffraction (EBSD) als ideales Verfahren zum Messen von Mikrotexturen etabliert. Die zunehmende Verfügbarkeit von Elektronenmikroskopen mit hochbrillanten Feld-Emissions-Elektronenquellen führte zu einer starken Verbreitung dieser Technik. Erstmals wurden von Kikuchi die nach ihm benannten Muster (oder: Pattern) 1928 bei mit Elektronen bestrahlten Glimmer-Proben entdeckt [26]. In Abb. 2.4 ist ein Kikuchi-Muster zu sehen. Diese Muster können bei den folgenden Elektronenbeugungsverfahren beobachtet werden [25]:

- Selected Area Channeling (SAC) bei Rasterelektronenmikroskopen (REM)

- Electron Back-Scatter Diffraction (EBSD) am Rasterelektronenmikroskop

Bild 2.4.: Kikuchi-Pattern von Nickel (20 kV Beschleunigungsspannung) [25]

- Mikrobeugung oder Convergent Beam Electron Diffraction im Transmissionselektronenmikroskop

Die Entstehung der Kikuchi-Muster unterscheidet sich bei den oben aufgeführten Methoden leicht voneinander. Im Zuge dieser Arbeit wird jedoch nur auf ihre Entstehung am REM eingegangen. Qualitative Unterschiede der Muster bei verschiedenen Messmethoden sind marginal und für die hier benötigte Anwendung der Orientierungsbestimmung unerheblich [25]. Der Entstehungsprozess für Backscatter Kikuchi Patterns (BKP) setzt sich, vereinfacht betrachtet, aus einer zweistufigen Streuung des einfallenden Elektronenstrahls zusammen. Zunächst wird der unter dem Winkel α zur Probe einfallende Strahl inkohärent gestreut. Die so erzeugten Elektronen werden nun ebenfalls sowohl elastisch als auch kohärent gestreut. Der erste (inkohärente) Streuprozess produziert Elektronen in vielen verschiedenen Richtungen und Winkeln. Phänomenologisch betrachtet haben diese Elektronen ihren Ursprung aus einem sehr kleinen Interaktionsvolumen in der Probe. Dies wird begünstigt durch den sehr fein fokussierten Primärstrahl aus einer Feldemissionskathode. Im nachfolgenden elastischen Streuprozess wird nun ein Teil der Elektronen nach dem Bragg'schen Gesetz (2.11) auf Kegelpaaren gestreut. Diese Kreispaare, auch Kikuchi- oder Kosselkegel genannt, enthalten die Menge der Elektronen, die unter einem Winkel von $180° - 2\theta$

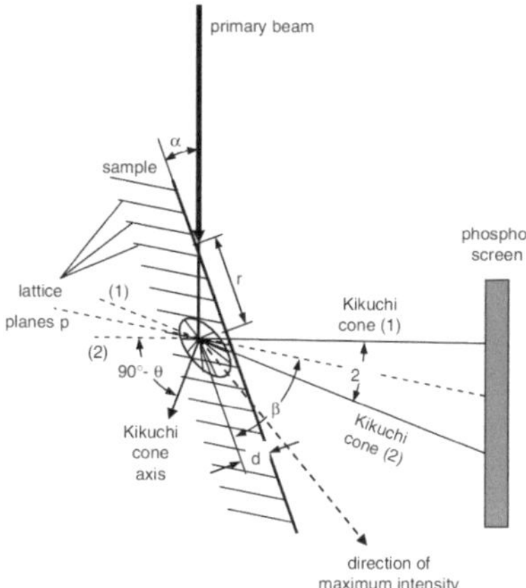

Bild 2.5.: Geometrische Beziehungen und Entstehung von Kikuchi-Muster am Rasterelektronenmikroskop [27]

gestreut werden. Durch den Schnitt mit dem in einer Tangential-Ebene zu den Kegeln positionierten Phosphorschirm werden die Paare als Kikuchi-Linien abgebildet. Aus der gedachten Mittellinie der beiden Kikuchi-Linien kann die für die Streuung verantwortliche Netzebene bestimmt werden. Über den Abstand der Linienpaare kann der Netzebenenabstand berechnet werden. Es sei jedoch hier angemerkt, dass die Entstehung von Kikuchi-Mustern durch EBSD noch nicht vollständig verstanden ist und nach wie vor Gegenstand der Forschung ist [27].

In Abb. 2.5 ist die Entstehung der BKP mit den entsprechenden geometrischen Beziehungen dargestellt. Der Primärstrahl, unter dem Winkel α zur Probenoberfläche, dringt um die Länge $rcos\alpha$ und Tiefe d in die Probe ein und führt zu einer elastischen Streuung der Elektronen an den Gitterebenen. Durch die gezeigten Beziehungen wird deutlich, dass die Länge r das theoretische Auflösungsvermögen der EBSD Technik darstellt. Die eingezeichnete Ellipse deutet dabei die Intensitätsverteilung der gestreuten Elektronen an. Durch Mehrfachstreuung an den Gitterebenen treten die Elektronen (1) und (2) mit dem zugehörigen Öffnungs-Winkel $2(90° - \theta)$ aus. Die Kikuchi-

Kegel verlassen die Probe unter dem Winkel β, für den unter der Bedingung $\beta = \alpha$ ein Intensitätsmaximum der Elektronen erreicht wird [27].

$$\lambda = 2d\sin\theta \qquad (2.11)$$

Die nun folgenden geometrischen Beziehungen zur Indizierung und Auswertung setzen eine parallele Projektionsebene der Kikuchi-Linien zur Probenoberfläche voraus. Dies ist gewöhnlich nicht der Fall für EBSD Messungen. Daher können die hier vorgestellten manuellen Indizierungsmethoden nicht auf reale Kikuchi-Muster angewandt werden und man greift dort auf vollautomatische Auswertung per Software zurück. Da es zum grundsätzlichen Verständnis der Orientierungsbestimmung mittels Elektronenmikroskopie dient, sollen die Methoden hier trotzdem vorgestellt werden.

Die Linien der Kikuchi-Muster werden als Bänder bezeichnet und deren Schnittpunkte als Zonenachsen. Die Indizierung der Bänder kann, wie schon im vorhergehenden Abschnitt erwähnt, über die Bragg-Bedingung erfolgen. Die Zonenachse [uvw] kann nun als Kreuzprodukt der schneidenden Bänder (h_1, k_1, l_1) und (h_2, k_2, l_2) berechnet werden. Im Falle von Abb. 2.6 ergibt sich aus Band 1 $(2\bar{2}0)$ und 2 $(\bar{3}11)$ die Zonenachse [112] (axis 12). Unter der oben getroffenen Annahme, dass der Strahl normal auf den Mittelpunkt der Projektionsebene trifft (siehe Abb. 2.6), kann man jetzt den Abstand der Linien und Bänder zum Elektronenstrahl bestimmen. Aus diesem berechnet man die Winkel zur Ebenen-Normalen (ND) (hier: $\alpha_1, \alpha_2, \alpha_3$) über den Abstand zweier Zonenachsen oder Bänder (Abb. 2.7). Der benötigte Skalierungsfaktor kann aus der Bragg-Gleichung berechnet werden (einfacher Strahlensatz). Nachdem man nun die Menge $q^i = (q_1^i, q_2^i, q_3^i)$ (i: Anzahl gefundener Achsen/Bänder) aller Bänder/Linien mit zugehörigen Winkeln α_i definiert hat, kann man über die folgende Formel

$$\begin{pmatrix} q_1^i \\ q_2^i \\ q_3^i \end{pmatrix} \cdot \begin{pmatrix} h \\ k \\ l \end{pmatrix} = \cos\alpha_i \sqrt{(q_1^i)^2 + (q_2^i)^2 + (q_3^i)^2} \qquad (2.12)$$

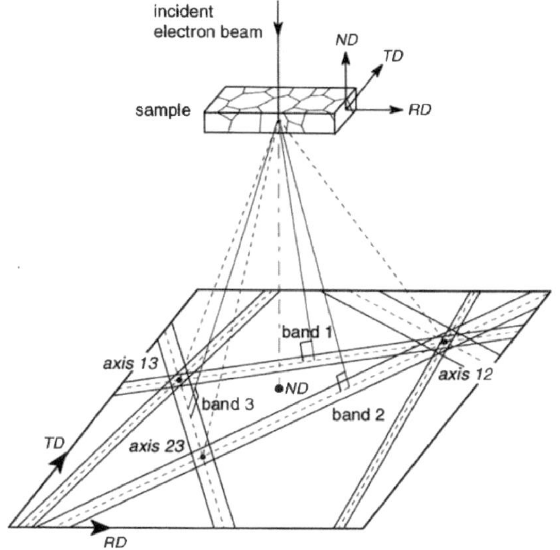

Bild 2.6.: Auswertung der Kikuchi-Patterns [25]

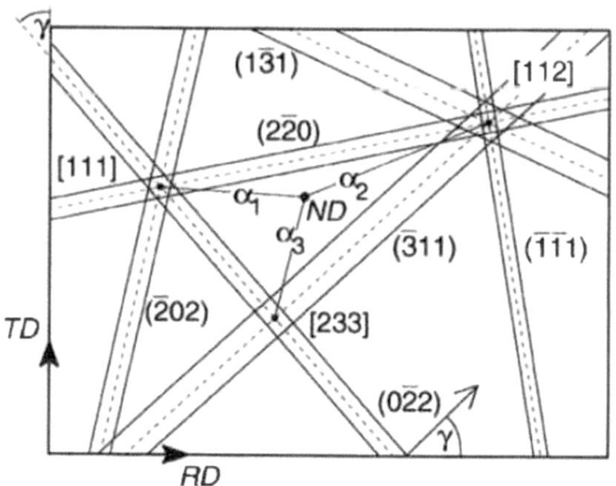

Bild 2.7.: Auswertung der Zonenachsen-Winkel [25]

die zugehörigen Koordinaten (hkl) berechnen. Um alle Koordinaten (hkl) der Kristallorientierung zu berechnen benötigt man mindestens 3 Bänder oder Schnittpunkte von Bändern (Pole) [25]. Mit dieser Methode kann man die Zonenachse, die parallel zur Probennormalen orientiert ist, bestimmen. Zur vollständigen Orientierung fehlt noch eine weitere Achse. Diese zu ermitteln ist aufwändiger und meistens ungenauer. Eine einfache Methode wäre das Kippen der Probe um die Ebenennormale um einen bekannten Winkel und die so ermittelten Koordinaten ($h'k'l'$) als zweite Richtung zu nutzen. Das macht jedoch das Kippen der Probe für jeden Messpunkt nötig, was in der Praxis bei teilweise hunderttausenden Punkten nicht möglich ist. Ein weiterer Ansatz um die absolute Orientierungsmatrix der Kristallstruktur zu ermitteln, ist die Definition eines neuen (Zwischen-)Koordinatensystems (Z), dessen z-Achse parallel zum einfallenden Strahl liegt. Die y-Achse der neuen Ebene wird parallel mit einem indizierten Band ausgerichtet, das als Normale die Koordinaten (hkl) besitzt. Die y-Achse lässt sich also aus $ND \times hkl$ berechnen. Die Transformation des Probenkoordinatensystems P in das Zwischensystem Z kann als Matrix vom Typ

$$R_{PZ} = [(ND \times hkl) \times ND \quad (ND \times hkl) \quad ND] \tag{2.13}$$

beschrieben werden. Zwischen- und Koordinatensystem der Kikuchi-Muster (K) unterscheiden sich nur durch eine Drehung um die ND Achse durch den Winkel γ. Die entsprechende Transformationsmatrix lautet:

$$R_{ZK} = \begin{pmatrix} \cos\gamma & -\sin\gamma & 0 \\ \sin\gamma & \cos\gamma & 0 \\ 0 & 0 & 1 \end{pmatrix} \tag{2.14}$$

Die Kombination der beiden Matrizen ergibt so die gewünschte Orientierungsmatrix g [25].

$$g = R_{PK} = R_{PZ}R_{ZK}^{T} \tag{2.15}$$

Heutzutage hat sich auf Grund der einfachen Anwendung die Messung mittels EBSD durchgesetzt. Zur Aufnahme kann dabei meist ein konventionelles Elektronenmikroskop verwendet werden. Allerdings hängt die Bildqualität der Kikuchi-Muster von der Art der Elektronenquelle (LaB_6-, W- oder Feldemissionsquelle) ab. So ergeben hohe Beschleunigungsspannungen zwar sehr rauscharme Patterns, die Ortsauflösung sinkt jedoch, da die Breite d der einzelnen Kikuchi-Linien zunimmt. Mit abnehmender Beschleunigungsspannung werden die Muster zunehmend dunkler und die höhere Verstärkung (gain) der Kamera führt zu Rauschen und einer schlechten Bildqualität [28]. 20 kV Beschleunigungsspannung hat sich für Eisen-Basislegierungen als guter Kompromiss etabliert. Auf Grund ihrer hohen Strahl-Brillanz sind auf jedem Fall Feld-Emissions Elektronenquellen zu bevorzugen.

Der Aufbau für ein automatisiertes EBSD-System ist in Abb. 2.8 zu sehen. Die Probe ist dabei 70° zum einfallenden Elektronenstrahl gekippt. Die Kikuchi-Muster bilden sich auf einem Phosphor-Schirm ab und werden mittels einer CCD-Kamera (engl. charge-coupled device - Funktionsprinzip des Kamerasensors) von hinten aufgenommen. Durch die Verbindung des EBSD-Systems mit der Steuerung des Elektronenmikroskops lassen sich EBSD-Messpunkte exakt mit Punkten im REM-Bild korrelieren.

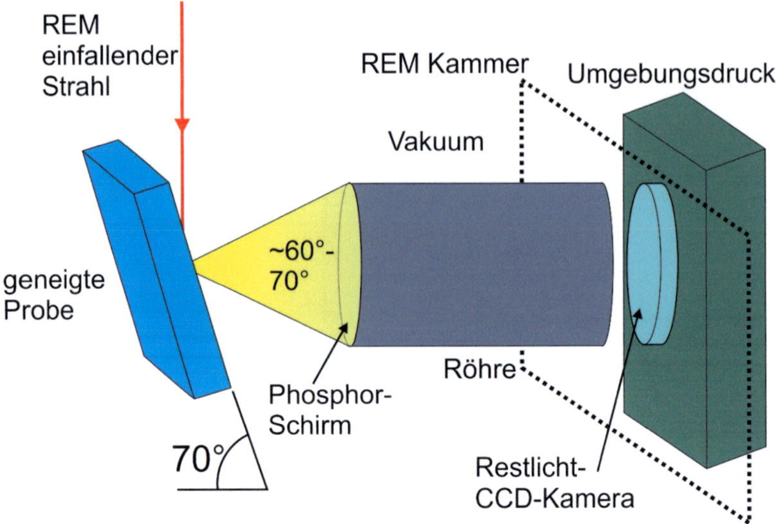

Bild 2.8.: Proben und Detektoranordnung für ein automatisiertes EBSD System [29]

Um die Kristallorientierung aus den Kikuchi-Mustern zu ermitteln, müssen die Bilder der CCD-Kamera per Bilderkennung ausgewertet werden. Dazu muss das aufgenommene Bild zunächst durch mehrere Schritte der automatischen Bildbearbeitung vom Hintergrund (Bildrauschen) subtrahiert werden. Im allgemeinen geschieht das durch die Formel $I(x,y) - B(x,y) = I^\star(x,y)$ (mit $B(x,y)$: Hintergrund des Bildes). Der Hintergrund wird dabei aus mehreren gemittelten Aufnahmen berechnet. Um den rechnerischen Aufwand der Bilderkennung zu minimieren, hat sich die Methode der Hough-Transformation zur automatischen Indizierung etabliert, die erstmals 1993 von Kunze et al. [30] auf BKPs angewandt wurde. Ein weiterer Vorteil dieser Methode besteht in der zuverlässigen Erkennung der Muster, die häufig verrauscht sind und einen geringen Kontrast aufweisen.

Bei der Hough-Transformation wird jeder Punkt (x_i, y_i) mit der Intensität $I(x_i, y_i)$ des Originalbildes in eine sinusförmige Kurve mit den Parametern (ρ, φ) umgewandelt und anschließend zum sogenannten *Hough-Raum*

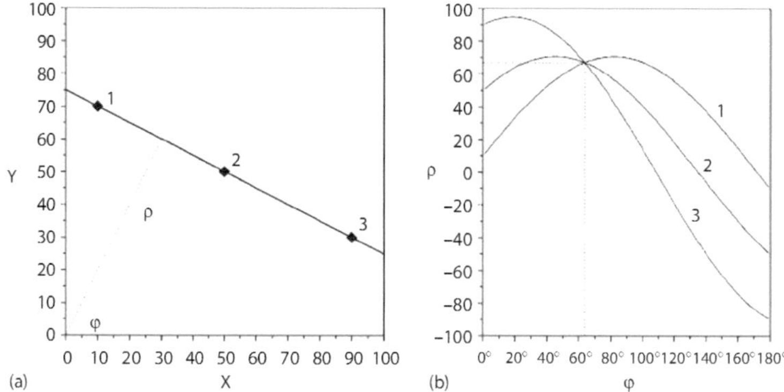

Bild 2.9.: Original-Bild und nach Hough-Transformation [25]

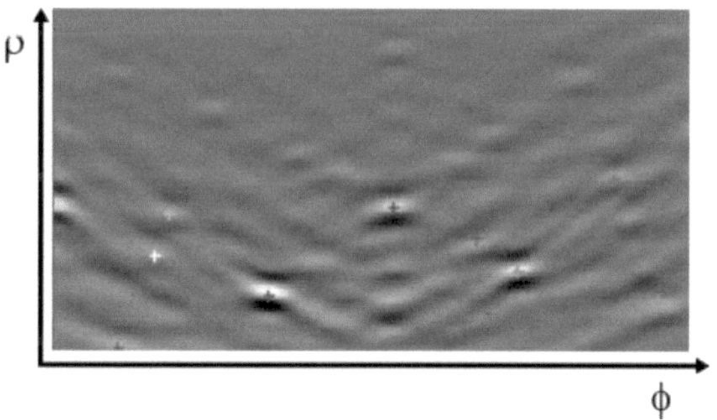

Bild 2.10.: Kikuchi-Patterns in den Hough-Raum transformiert [31]

hinzugefügt:

$$\rho(\varphi) = x_i cos\varphi + y_i sin\varphi, \rho \in (0°, 180°), \varphi \in (-R, R) \qquad (2.16)$$

Die Transformation führt dazu, dass alle Punkte einer Gerade (d.h. Kikuchi-Linie) im Original-Bild einem Schnittpunkt vieler Sinus-Kurven zugeordnet werden (Abb. 2.9). Daraus ergeben sich im Hough-Raum die charakteristischen, schmetterlingsförmigen *Hough-Peaks* (Abb. 2.10). Diese Peaks sind Intensitätsmaxima im Hough-Bild, und können leicht über Bildverarbeitungsalgorithmen erkannt und indiziert werden. Für die Transformation eines Graustufenbildes der Kikuchi-Muster in den Hough-Raum (ρ,φ) kann zusätzlich die Intensität $I^\star(x_i, y_i)$ jedes Punktes berücksichtigt werden. Man spricht dann von einer Graustufen-gewichteten Hough-Transformation oder auch *Radon-Transformation* [25]. Die Randbereiche der CCD Kamera können verzerrt oder mit geringer Intensität belichtet sein. Um ein Bild mit homogener Intensitätsverteilung zu erhalten, wird statt des gesamten BKP nur ein kreisförmiger Bildausschnitt mit 100 Pixel Durchmesser gewählt.

Die eigentliche Zuordnung der Kikuchi-Muster zu den Kristallorientierungen ist vom EBSD-System abhängig. Jeder Hersteller hat dabei seine eigene Strategie zur Indizierung der Muster. In Abbildung 2.11 ist der Ablauf der Pattern-Indizierung und Datenanalyse der Software *OIM Analysis* des Herstellers EDAX dargestellt. Die Verfahren anderer Hersteller laufen nach ähnlichen Prinzipien ab, und unterscheiden sich nur marginal. Auf die Unterschiede soll hier nicht eingegangen werden. Zunächst werden die Kameraeinstellungen vor der Messung optimiert. Beim sogenannten Binning werden mehrere Pixel der Kamera zusammengefasst. So sinkt zwar die Auflösung, die Belichtungszeit kann aber verkürzt werden. Damit verkürzen sich auch die Aufnahmegeschwindigkeit und die gesamte Messzeit. Üblicherweise werden 2x2, 4x4 oder 8x8 Pixel zusammengefasst. Mit zunehmender Binning-Zahl werden die aufgenommenen Bilder zunehmend verrauscht und pixeliger. Durch die Abschaltung des Binnings können hochauflösende und sehr genaue Messungen durchgeführt werden. Dies ist notwendig, falls die erwarteten Orientierungsunterschiede sehr klein sind, oder mit den aufgenommenen Kikuchi-Pattern weitere Untersuchungen wie Stress/Strain Messungen durchgeführt werden sollen [29]. Ein wichtiger Faktor für die Qualität der Kikuchi-Patterns ist das Signal-zu-Rauschen Verhältnis der Kamera, das möglichst groß sein muss. Im Anschluss an die Aufzeichnung eines Kikuchi-Musters erfolgt direkt die Hough- (oder Radon-) Transformation. Durch die Faltung des Hough-Raumes mit einem Filter, der nur die charakteristische Schmetterlingsform enthält, werden die Zentren der Maxima in φ - Richtung intensiviert. So wird der Winkel unter dem die BKP auftreten mit hoher Genauigkeit detektiert (siehe Abb. 2.10). Zur Bestimmung der Peak-Mitte (ρ Wert) muss auf Standard-Profile aus einer Datenbank zurückgegriffen werden, die aus vielen gemittelten Peak-Messungen erzeugt worden sind.

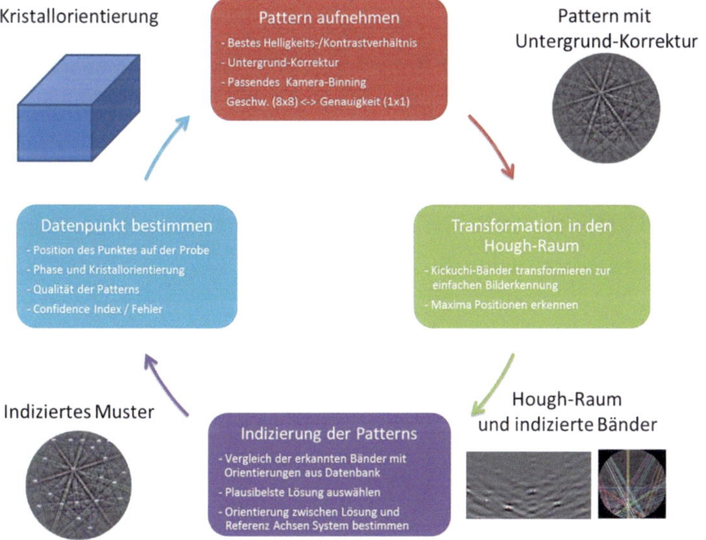

Bild 2.11.: Schema der EBSD Pattern Indizierung und Datenanalyse [29]

Im nächsten Schritt erfolgt die Berechnung der Kikuchi-Linien aus dem Hough-Raum. Die Menge der zu verwendenden (identifizierten) Hough-Peaks kann dabei vorgegeben werden. Sie beträgt im Normalfall 4-6 Peaks [25]. Dies ist jedoch auch stark vom Material und von der Probenbeschaffenheit abhängig. Je schlechter die Qualität der BKPs, desto geringer sollte die Anzahl der verwendeten Maxima sein, da die Hauptorientierung meist in den intensivsten Peaks gefunden werden kann. Durch Bildrauschen können zusätzliche lokale Maxima im Hough-Raum entstehen, die dann falsch interpretiert werden. Die berechneten Linien werden anschließend zu einem Kikuchi-Muster zusammengesetzt. Zur Kontrolle berechnet die Software aus den erkannten Orientierungen ein rücktransformiertes Bild mit den entsprechenden Kikuchi-Linien als Overlay (Abb. 2.12). Die Zwischenebenen-Winkel drei sich schneidender Linien werden mit Lösungen aus einer Datenbank verglichen. Üblicherweise toleriert man eine Abweichung von 1-2 Grad [29]. Es werden mögliche Lösungen ausgewählt und in einem internen Voting die plausibelste Orientierung verwendet. Die Güte der Indizierung wird im sogenannten Confidence-Index (CI) festgehalten. Er gibt das Verhältnis zwischen ausgewählter Lösung und allen anderen berücksichtigen Lösungen an, und hat einen Wert zwischen 0 und 1. Je größer deren Zahl, desto schlechter (kleiner) der CI und somit auch die Güte der Lösung. Es liegt somit auch in der Natur des CI, dass für Messpunkte entlang von Korngrenzen sehr schlechte Werte entstehen, wenn sich BKPs aus zwei verschiedenen Orientierungen in einem Bild überlagern und mischen. Für diesen Fall wird ein Confidence Index von -1 ausgegeben.

Um die Indizierung korrekt durchzuführen, müssen der Software die vorhandenen Phasen mit Materialkonstanten wie Gitterform und -abstand vorgegeben werden. Die Identifikation dieser Parameter ist zwar grundsätzlich mit der EBSD-Technik möglich, ist jedoch auf Grund der Vielzahl an möglichen Phasen, die auftreten können, schlichtweg unpraktisch [31]. Im normalen Messbetrieb sollten Belichtungszeit und Rechenaufwand für die nachgeschaltete Indizierung aufeinander abgestimmt werden, so dass keine Routine

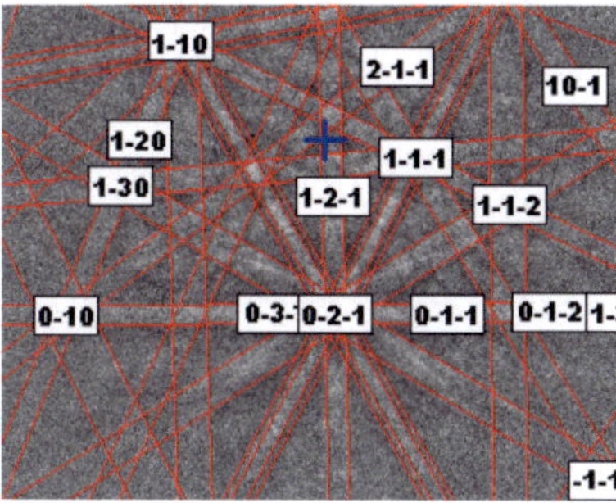

Bild 2.12.: Indizierung der Bänder als Overlay über einem Kikuchi Muster [32]

auf die andere warten muss. Maßgebender Faktor ist bei heutigen leistungs-
fähigen Desktop-Computern jedoch meist die Belichtungszeit der Kamera
und nicht die Berechnung des Transformations-Algorithmus.

Abschließend werden die ermittelten Orientierungen in eine Datei geschrie-
ben und können mittels geeigneter Software dargestellt und analysiert werden. Auf die Besonderheiten bei der Darstellung von Orientierungen und
Texturen von Materialien wird im nächsten Abschnitt eingegangen.

Wie oben bereits kurz erwähnt, ist die EBSD Technik nicht nur zur Orientierungsbestimmung geeignet, sondern kann auch für andere Messungen
genutzt werden. Jüngste Entwicklungen haben erfolgreich bewiesen, dass
elastische Dehnungen per EBSD gemessen werden können [29]. Dabei wird,
ausgehend von einem Referenz Kikuchi Pattern in einem bekannten Verfor-
mungszustand, die Verschiebung einzelner Bereiche der Pattern beobachtet.
Durch die Verschiebung der interplanaren Winkel des Beugungsmusters
kann der Dehnungszustand berechnet werden. Die Bildbearbeitungstechnik
wird als Kreuz-Korrelation bezeichnet. Die Besonderheit dieser Technik
besteht darin, dass sie rein auf den Rohdaten der Kikuchi-Bilder basiert und
nicht mit der Hough-Transformation und den eigentlichen Orientierungsda-
ten arbeitet. Die Qualität der Pattern wird auch durch die Schärfe der Bänder
bestimmt. Bei ganz klar abgegrenzten Bändern lassen sich Rückschlüsse

auf die plastische Dehnung der Kristallgitters ziehen [33]. Dieser Effekt ist jedoch schwer zu quantifizieren, da auch schlechte Probenpräparation mit entsprechender plastischer Verformung der Oberfläche zu schlechten Patterns führt.

Die neueste Generation von EBSD-Detektoren erlaubt die gleichzeitige Messung von EBSD-Daten und Energie-Dispersiver Röntgenspektren (EDS). Auf Grund des unterschiedlichen Anregungsvolumens für Röntgenquanten und Kikuchi-Muster ist die Ortsauflösung der beiden Verfahren zwar nicht kompatibel, die zusätzlichen chemischen Informationen können jedoch entscheidende Hinweise geben. So lassen sich mit EBSD/EDS Messungen Phasen zuverlässig bestimmen, da Kristallographie und Chemie gleichzeitig genutzt wird. Die Technik wird so zu einem wichtigen Hilfsmittel für Mineralogen, die oft zwischen Phasen gleicher chemischer Zusammensetzung, aber unterschiedlicher Kristallographie unterscheiden müssen.

Die Kombination von EBSD-Detektoren mit FIB/REM Geräten eröffnet die Möglichkeit zu dreidimensionaler Orientierungsmikroskopie. Von einer Oberfläche werden abwechselnd EBSD Maps aufgenommen und anschließend dünne Schnitte mit dem Ionenstrahl abgetragen. Mit geeigneter Software, die Drift und andere Positionierungsfehler berücksichtigt, lassen sich so dreidimensionale Orientierungsmaps erzeugen. Die Messzeiten überschreiten je nach Größe der Struktur jedoch leicht mehrere Stunden. Derzeitig sind Volumina von bis zu 50 x 50 x 50 μm^3 mit einer Ortsauflösung von 50 x 50 x 50 nm^3 realisierbar [34].

2.2.2. Darstellung von Texturen

Die EBSD-Technik eignet sich zum Messen der Orientierung von sehr kleinen Probenvolumina durch die feine Fokussierung des Elektronenstrahls. Nimmt man jedoch die Menge aller gemessenen Datenpunkte, lassen sich auch Makrotexturen berechnen, die sonst konventionell aus Röntgen-Rückstreuversuchen ermittelt werden. Hierbei ist zu beachten, dass die Menge der

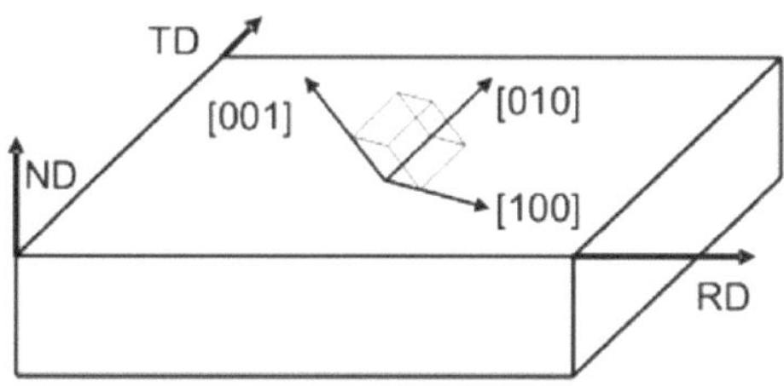

Bild 2.13.: Proben-und Kristallkoordinatensystem [31]

per EBSD gemessenen Körner ausreichend groß sein muss. Nach Humpreys [35] sollte eine Mindestzahl von ca. 200 gemessenen Körnern nicht unterschritten werden, um statistisch verlässliche Aussagen treffen zu können. Des Weiteren werden 5-10 Datenpunkte pro Korn, und somit eine Größe der EBSD Map von ca. 20.000 Messpunkten empfohlen. Grundsätzlich lassen sich Methoden zur Darstellung von Makrotextur auch auf Probleme mit Mikrotextur anwenden. Die Visualisierung von dreidimensionalen Orientierungen und Texturen mittels zweidimensionaler Abbildungen ist jedoch kein triviales Problem und soll in den folgenden Abschnitten erläutert werden. Zur Illustration von Kristallorientierungen, die sich aus drei unabhängigen Variablen zusammensetzen, ist es notwendig, ein Koordinatensystem zu definieren. Hierzu wird das Koordinatensystem der Probe sowie das des betrachteten Kristalls definiert. Orthogonale kartesische Koordinatensysteme haben sich hier bewährt. Die Achsen des Probensystems werden entweder mit X, Y, Z oder *Rolling Direction (RD), Transverse Direction (TD), Normal Direction (ND)* bezeichnet. Die letztere Nomenklatur stammt aus der Untersuchung von gewalzten Blechen, hat sich aber auch für alle anderen Arten von (ungewalzten) Proben durchgesetzt. Das Koordinatensystem des Kristalls ist im Falle orthorhombischer und kubischer Kristallstrukturen mit Miller'schen Indizes [100], [010] und [001] beschriftet (Abb. 2.13). Die Orientierung eines einzelnen Korns oder Kristalls kann nun durch Rotation des Referenzkoordinatensystems in das Kristallsystem beschrieben

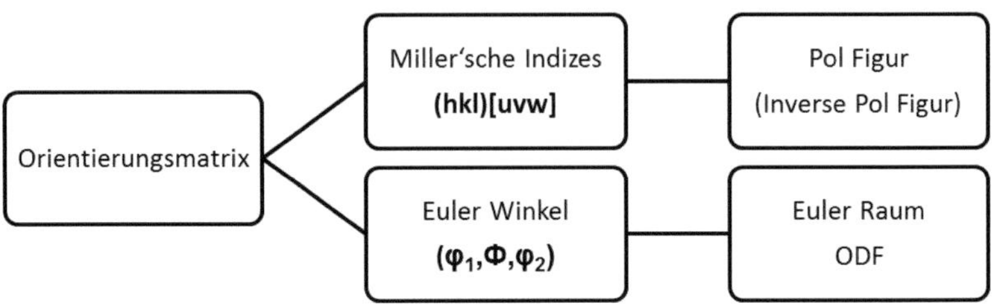

Bild 2.14.: Verschiedene Notationen und Darstellungsformen für Kristallorientierungen [25]

werden. Die allgemeine Rotationsmatrix zur Überführung des Koordinatensystems ist in Gleichung 2.17 dargestellt. Die erste Spalte der Matrix steht hier für den Winkel zwischen der [100]-Richtung und den Achsen RD, TD und ND des Probenkoordinatensystem, die mit α_1, α_2 und α_3 bezeichnet werden. Analog sind die beiden anderen Spalten für die Achsen [010] und [001] aufgebaut [25].

$$\begin{pmatrix} \cos(\alpha_1) & \cos(\beta_1) & \cos(\gamma_1) \\ \cos(\alpha_2) & \cos(\beta_2) & \cos(\gamma_2) \\ \cos(\alpha_3) & \cos(\beta_3) & \cos(\gamma_3) \end{pmatrix} \qquad (2.17)$$

Für die Orientierung gibt es nun verschiedene Möglichkeiten der Notation, die meist je nach Anwendungsfall gewählt werden. Abb. 2.14 zeigt diese Möglichkeiten und die entsprechenden Darstellungsformen. Die Schreibweise mit idealen Orientierungen ist sicherlich die Anschaulichste. Dazu wird die erste und letzte Spalte der Orientierungsmatrix normiert und das Ergebnis als $(hkl)[uvw]$ mit ganzzahligen Werten beschrieben. Die Koordinaten (hkl) beschreiben dabei die Normale einer Ebene und $[uvw]$ einen darin enthaltenen Vektor. Bei kubischen Materialien besteht zudem der Vorteil, dass die Vektoren für Ebenen-Normalen identisch mit der Kristallachse sind. Um Komponenten einer Walztextur zu beschreiben wird eine Ebene (hkl) gewählt, die parallel zur RD-Richtung ist.

Die oft zur Visualisierung von Orientierungen benutzte Darstellung ist die Pol-Figur. Obwohl wesentlich genauere und vollständigere Abbildungen bekannt sind, hat sie sich doch seit Jahren etabliert. Ein Grund dafür ist, dass Pol-Figuren recht simpel per Röntgenstreuung aufgenommen werden können. Daher können sie auch von vielen Materialforschern gelesen und interpretiert werden. Dabei werden einzelne Kristallorientierungen als Schnittpunkte mit der Einheitskugel dargestellt. Die Orientierung einer einzelnen Gitterebene kann durch einen Normalenvektor, der senkrecht auf der entsprechenden Ebene steht und seinen Ursprung im Kugelmittelpunkt hat, eindeutig beschrieben werden. Da die Betrachtung einer dreidimensionalen Kugel nicht sehr praktikabel ist, werden die Normalenvektoren durch eine stereografische (Winkeltreue) Projektion auf eine Tangentialebene abgebildet. Das Schema ist in Abbildung 2.15 dargestellt mit dem Schnittpunkt P mit der Einheitskugel, dem projizierten Punkt P' und Q als Lichtquelle für die Projektion. Die so projizierte Hemisphäre wird dann als *Polfigur* bezeichnet [36].

$$x' = \frac{2x}{1+z}, \qquad y' = \frac{2y}{1+z} \qquad (2.18)$$

Formel 2.18 beschreibt die Projektion eines Punktes (x,y,z) der Einheitskugel auf eine Tangentialebene mit den Koordinaten (x',y'). Dabei bleibt der Winkel zwischen dem Punkt und dem Koordinatenursprung erhalten, der Abstand wird jedoch leicht verzerrt. Im Gegensatz dazu kann auch eine flächentreue Projektion durchgeführt werden, bei der die räumliche Vertei-

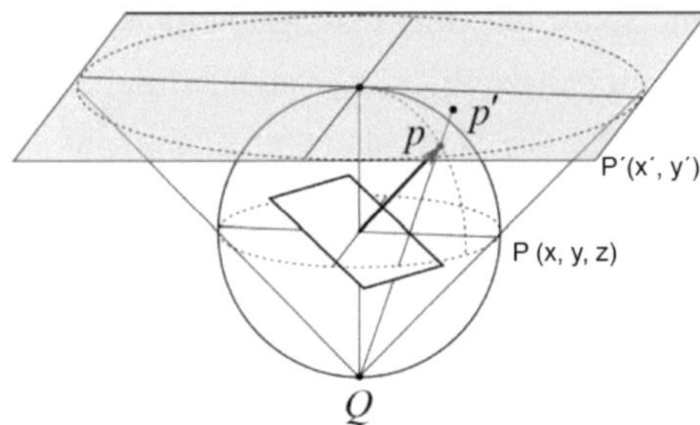

Bild 2.15.: Darstellung einer Orientierung durch einen Punkt auf der Oberfläche
einer Einheitskugel [36]

lung der Pole gleich bleibt, die Winkel jedoch leicht verzerrt werden. Die
stereografische Projektion ist dabei die gebräuchliche Form und wird im
Rahmen dieser Arbeit verwendet [36].

Die komplette Orientierung einer Probe kann nach dem oben beschriebenen Schema als Verteilung aller Pole (Schnittpunkte) auf einer bestimmten
Tangentialebene beschrieben werden. Als Tangentialebenen werden häufig
die {001}, {110}, {111} Orientierung verwendet, aber auch andere Darstellungen sind durchaus üblich. Als Probenkoordinaten haben sich auch
hier die Bezeichnungen RD, ND und TD eingebürgert. In Abbildung 2.16
ist eine {111} Polfigur mit einer {001}[100] Cube Textur dargestellt. Die
Symmetrien des Kristallgitters (hier: kubisch) sind auch in der Pol-Figur
sichtbar. So lässt sich, im Falle einer kubischen Kristallstruktur, die Polfigur
in vier gleiche Quadranten einzeichnen. Daher wird manchmal auch nur ein
Ausschnitt der runden Polfigur gezeigt (Abb. 2.17 b)).

Bei der Polfigur handelt es sich um eine Abbildung der Menge aller Kristallorientierungen in das Probenkoordinatensystem (RD,TD,ND). Es besteht
auch die Möglichkeit, die Probenorientierungen in das Kristallkoordinatensystem abzubilden. Man spricht dabei von einer *inversen Polfigur*. Die
Symmetrien eines kubischen Gitters führen zu 24 identischen Dreiecken in
der Polfigur. Üblicherweise wird nur ein einzelnes, stereografisches Dreieck

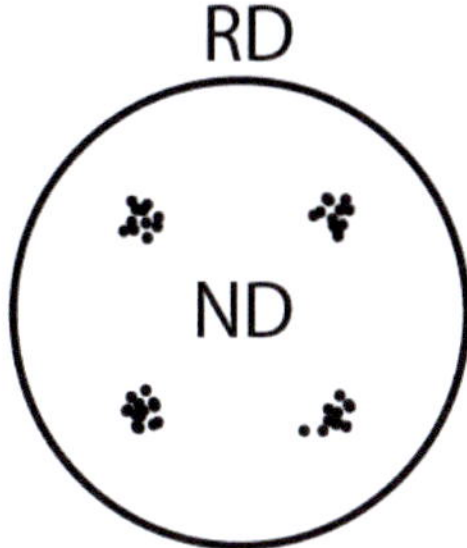

Bild 2.16.: {111} Polfigur einer Cube Textur {001}[100] [36]

mit den Eckpunkten <100>, <110> und <111> gezeichnet (Abb. 2.17)[25]. Die Darstellung über Polfiguren und inverse Polfiguren hat zwar die oben beschriebenen Vorteile, man beschränkt sich jedoch immer auf bestimmte Ebenen, die dargestellt werden. Dadurch können mit ihnen nur Hauptorientierungen beschrieben werden. Besonderheiten der Textur können durch die reduzierten Informationen der Figuren verborgen bleiben. Eine vollständige Charakterisierung der Textur eines Materials kann nur die Orientierungs-Verteilungs-Funktion (ODF) liefern. Die hierzu notwendigen Grundlagen und Darstellungsformen werden nun im nächsten Abschnitt erläutert.

Eine weitere Möglichkeit besteht in der Angabe der Drehwinkel der Transformation. Die dazu notwendigen Winkel ($\varphi_1, \Phi, \varphi_2$) werden als *Euler-Winkel*

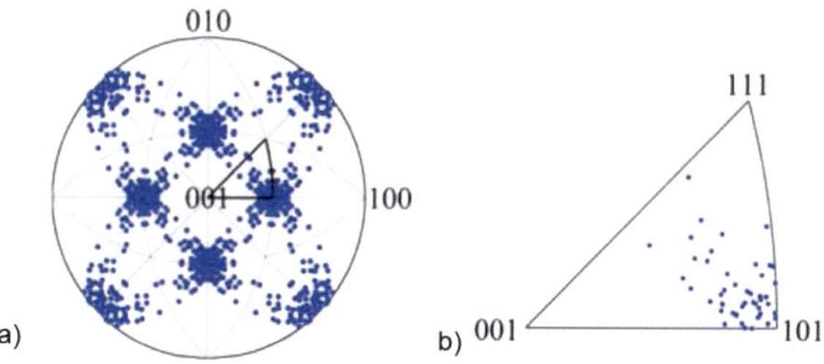

Bild 2.17.: Inverse Polfigur und dazugehöriges stereografisches Dreieck einer Messing (brass) Textur {110}[−112] [36]

bezeichnet. Die Rotation kann auf verschiedene Arten und in unterschiedlichen Reihenfolgen durchgeführt werden. Die gebräuchlichste Form ist jedoch die 1965 von Bunge beschriebene und nach ihm benannte Konvention. Im Folgenden werden alle Euler-Winkel in Bunge Notation verwendet. Die Drehungen nach Bunge laufen nach folgendem Schema ab:

1. Drehung der ND-Richtung um φ_1, die RD nach RD' und TD nach TD' transformiert

2. Drehung der neuen ND'-Richtung um Φ

3. Drehung der neuen RD''-Richtung um φ_2

Das Schema ist in Abb. 2.18 nochmals grafisch dargestellt.

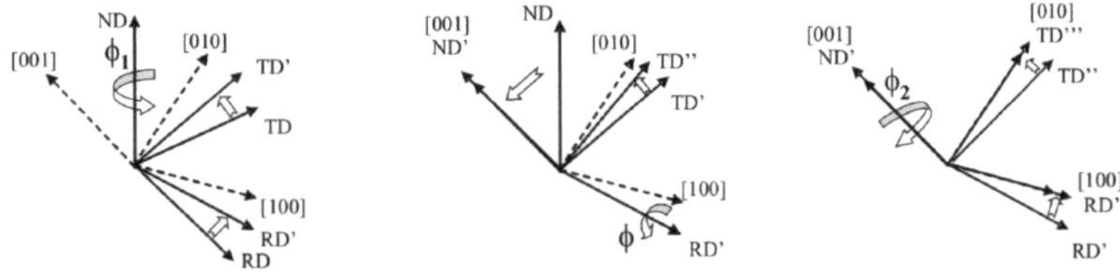

Bild 2.18.: Rotation nach Bunge-Euler Konvention [31]

Um die Eigenschaften der Euler-Winkel zu beschreiben, bietet es sich an, die Rotationsmatrizen in den Gleichungen 2.19 zu betrachten. So wird ersichtlich, dass die Euler-Winkel eine Periodizität mit 2π aufweisen. Ohne Berücksichtigung von Symmetrien sind die Winkel für den Bereich $0 \leq \varphi_1 \leq 2\pi$, $0 \leq \Phi \leq 2\pi$ und $0 \leq \varphi_2 \leq 2\pi$ definiert. Bei kubischen Gittern kann man den Euler-Raum durch die Symmetrieebenen in 96 äquivalente Unterräume unterteilen. Dadurch ergibt sich ein reduzierter Definitionsbereich $0 \leq \varphi_1 \leq \frac{\pi}{2}$, $0 \leq \Phi \leq \frac{\pi}{2}$ und $0 \leq \varphi_2 \leq \frac{\pi}{2}$ [37].

$$g_{\varphi 1} = \begin{pmatrix} \cos(\varphi_1) & \sin(\varphi_1) & 0 \\ -\sin(\varphi_1) & \cos(\varphi_1) & 0 \\ 0 & 0 & 1 \end{pmatrix} \tag{2.19a}$$

$$g_\Phi = \begin{pmatrix} 1 & 0 & 0 \\ 0 & \cos(\Phi) & \sin(\Phi) \\ 0 & -\sin(\Phi) & \cos(\Phi) \end{pmatrix} \qquad (2.19\text{b})$$

$$g_{\varphi 2} = \begin{pmatrix} \cos(\varphi_2) & \sin(\varphi_2) & 0 \\ -\sin(\varphi_2) & \cos(\varphi_2) & 0 \\ 0 & 0 & 1 \end{pmatrix} \qquad (2.19\text{c})$$

Die Euler-Winkel spannen einen dreidimensionalen, kubischen Raum auf. Dieser ist in Abbildung 2.19 zu sehen. Mittels des Euler-Raumes lässt sich die Orientierungs-Distributions-Funktion (ODF) darstellen, die die Orientierung eines Volumenteils dV der Probe definiert (Gleichung 2.20). Für eine regellose Textur nimmt die ODF den Wert 1 an [38]. Zur Reduktion des Euler-Raumes auf zweidimensionale Abbildungen werden äquidistante Schnitte entlang einer Achse durchgeführt und nebeneinander geplottet. Gewöhnlich werden die Schnitte entlang der φ_2 Achse in $5°$ Schritten gemacht. Im kubisch-raumzentrierten (krz) Gitter, ergibt sich eine weitere Vereinfachung, die schon in Abbildung 2.19 angedeutet ist. Da hier ein Großteil der für die Charakterisierung notwendigen Texturkomponenten in einer Ebene auftreten, genügt oft ein einzelner Schnitt bei $\varphi_2 = 45°$ um die Vorzugs-Orientierungen der Kristalle ausreichend genau zu beschreiben. Diese Komponenten sind in Abbildung 2.20 dargestellt. Obwohl nur die Darstellung über die ODF vollständig ist, wird im Rahmen dieser Arbeit aus Gründen der Anschaulichkeit weiterhin auf Polfiguren zurückgegriffen.

$$\frac{dV}{V} = f(g)dg \qquad mit \qquad \int_g f(g)\, dg = 1 \qquad (2.20)$$

2.2.3. Typische Walztexturen in krz Metallen

Da Texturmessungen per Röntgenstreuung seit langer Zeit möglich sind, und gewalzte Stahllegierungen auf Grund ihrer technischen Bedeutung schon im-

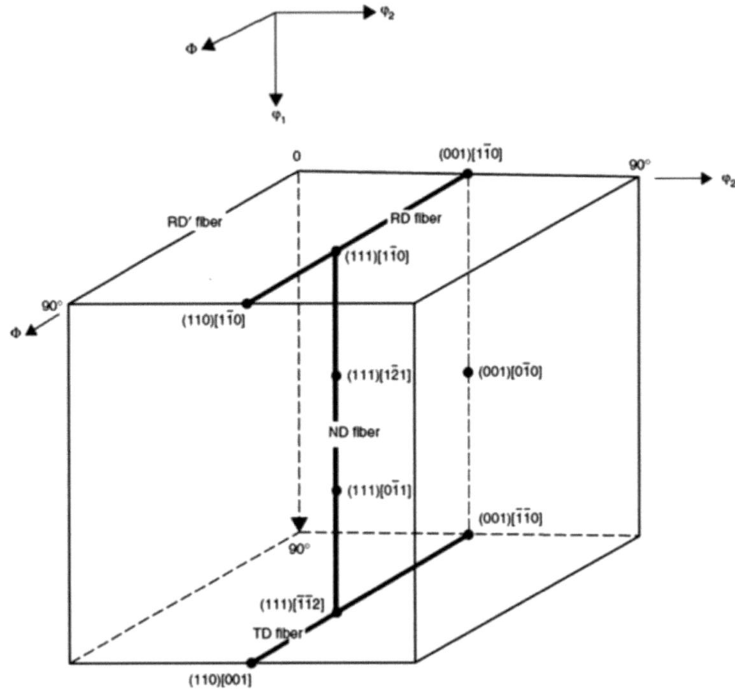

Bild 2.19.: Dreidimensionale Darstellung des Euler-Raumes (-Notation) [39]

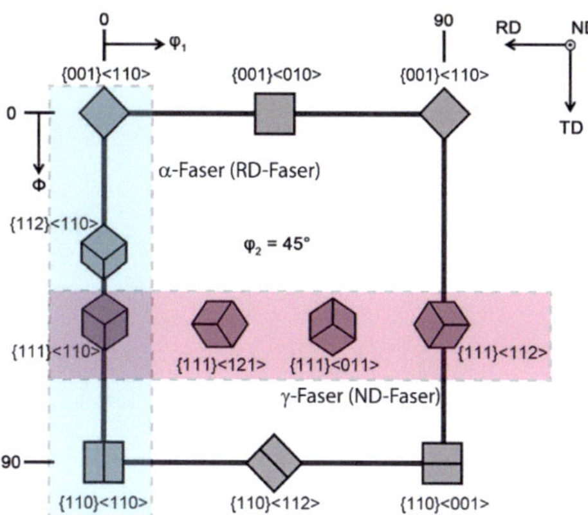

Bild 2.20.: $\varphi_2 = 45°$ Schnitt durch den Euler-Raum (Winkel in Bunge Notation) mit für bcc Metalle relevanten Fasern [39]

mer im Fokus der Forschung liegen, kann hier auf eine Fülle von Literatur zurückgegriffen werden [40, 41, 37, 25]. Krz Metalle bilden ausgeprägte Walztexturen entlang bestimmter Linien mit konstanten Winkeln im Euler-Raum aus. Diese Linien werden als Faser bezeichnet. Der Begriff Faser hat hier keinen Bezug zur Mikro- oder Makrostruktur des Materials, sondern existiert nur gedanklich im Euler-Raum. Die am stärksten ausgeprägten Texturen in krz Stählen sind die α-Faser (RD-Faser) ($\psi_1 = 0°, 0° \leq \Phi \leq 90°, \varphi_2 = 45°$) und γ-Faser (ND-Faser)($60° \leq \varphi_1 \leq 90°, \Phi = 54.7°, \varphi_2 = 45°$) (s. Abb. 2.20). Die Hauptkomponenten dieser Fasern sind in Miller'scher Notation {001}<110> (α - Faser) und {111}<110> (γ - Faser).

Bei der Darstellung der ODF im Euler-Raum haben sich verschiedene Darstellungsformen etabliert. So werden häufig äquidistante Sektionen in φ_1 gezeichnet, Schnitte, die in φ_2 - Richtung verlaufen, sind je nach Problemfall aber auch üblich. In Tabelle 2.1 sind die einzelnen Texturkomponenten und ihre Richtungen als ideale Orientierungen (Miller'sche Indizes) und in Euler-Winkeln (Bunge-Konvention) aufgelistet. Abb. 2.21 zeigt die ODF für typische Texturen in krz Metallen. Die Darstellung erfolgt durch 5° Schritte entlang der φ_1 - Achse.

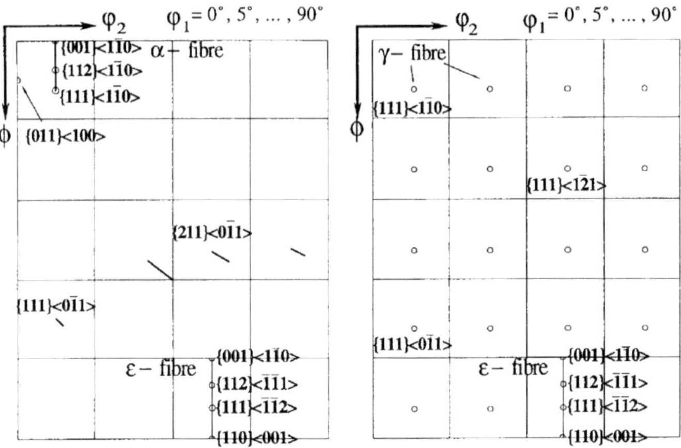

Bild 2.21.: Wesentliche Texturkomponenten in bcc-Metallen im Euler-Raum dargestellt (φ_1 - Schnitte durch den Euler-Raum) [40]

Die Ausprägung der einzelnen Texturkomponenten hängt dabei von verschiedenen Faktoren wie Art der Deformation (Walzen, Tiefziehen, Torsion etc.),
Grad der Deformation, sowie die abschließende Wärmebehandlung ab. Die
Elementzusammensetzung oder der Anteil an Verunreinigungen im Material
hat einen sehr geringen Einfluss auf die Textur. So haben reine Elemente wie
Ta, W und kohlenstoffarme Stähle nur minimal andere Texturausprägungen
als beispielsweise hoch-legierte Chrom-Stähle [40]. Der Unterschied in den
resultierenden Texturen entsteht hauptsächlich durch kleine Unterschiede
der Heiß-Walztextur, die sich dann während des Kaltwalzens und der anschließenden Wärmebehandlungen verstärken [37]. Die α und γ Fasern
können jedoch immer beobachtet werden. So beziehen sich die Unterschiede
dabei auch nur auf die Verteilung der Texturkomponenten entlang dieser
Fasern. Der Unterschied zwischen hoch-legierten Chrom-Stählen und kohlenstoffarmen Stählen lässt sich auf die entstehenden Phasen während des

Walzens zurückführen. So findet Heißwalzen bei kohlenstoffarmen Stählen grundsätzlich in der Austenitphase (γ-Eisen) statt. Bei der anschließenden Phasenumwandlung und Kristallisation während des Abkühlens kann sich die Kornstruktur neu anordnen. Hoch-legierte Chrom-Stähle, die α-Ferrit stabilisiert sind, zeigen keine Phasenumwandlung bei höheren Temperaturen. Deshalb kann die Umformung nur im α-Ferrit Gebiet durchgeführt werden. Dadurch entsteht eine dem Kaltwalzen ähnliche Textur, da keine anschließende Phasentransformation stattfindet [40].

Raabe et al. [40] haben 1994 festgestellt, dass innerhalb der Fasern in Abhängigkeit vom Grad der Deformation verschiedene Komponenten stärker hervortreten. So findet im Falle der α - Faser mit steigender Deformation eine Verschiebung von der $\{001\} < 110 >$ hin zur $\{112\} < 110 >$ Komponente statt (Abb. 2.22). Analog findet bei der zweiten wichtigen Faser, der γ-Fiber, eine Verschiebung der Komponenten von $\{111\} < 112 >$ nach $\{111\} < 110 >$ statt [42].

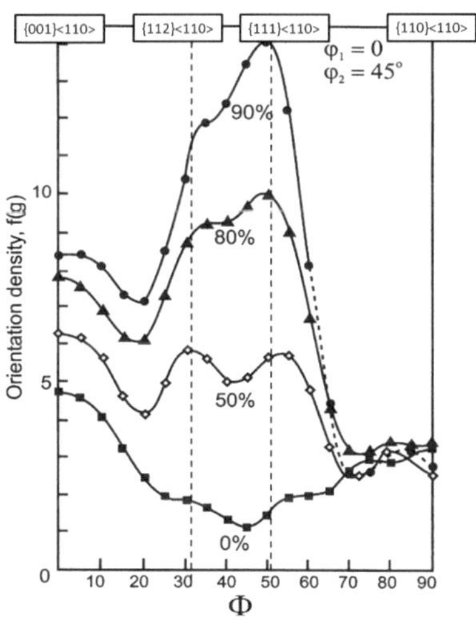

Bild 2.22.: Texturkomponenten in Abhängigkeit des Umformgrades (Schnitt entlang der α - Fiber) [43]

Faser	Euler Winkel	Faser-Achse	Komponenten
α	$0°,0°,45°$ $- 0°,90°,45°$	$<110> \parallel$ RD	$\{001\}<110>$ - $\{112\}<110>$ $\{111\}<110>$ - $\{110\}<110>$
γ	$60°,54.7°,45°$ $- 90°,54.7°,45°$	$<111> \parallel$ ND	$\{111\}<110>$ - $\{111\}<112>$
η	$0°,0°,0°$ $- 0°,45°,0°$	$<001> \parallel$ RD	$\{001\}<100>$ - $\{011\}<100>$
ζ	$0°,45°,0°$ $- 90°,45°,0°$	$<011> \parallel$ ND	$\{011\}<100>$ - $\{011\}<211>$ $\{011\}<111>$ - $\{011\}<011>$
ε	$90°,0°,45°$ $- 90°,90°,45°$	$<110> \parallel$ TD	$\{001\}<110>$ - $\{112\}<111>$ $\{111\}<112>$ - $\{011\}<100>$

Tabelle 2.1.: Relevante Texturen und deren Komponenten in krz Metallen [40] [25]

2.3. Rekristallisation

2.3.1. Rekristallisation in Metallen

Die Rekristallisation ist ein Vorgang von hoher technischer Bedeutung, da sich dadurch wesentliche mechanische Eigenschaften wie Streckgrenze, Härte und Bruchdehnung eines Werkstoffes beeinflussen lassen. Physikalische Eigenschaften wie Wärmeleitfähigkeit und elektrischer Widerstand bleiben weitgehend unbeeinflusst [23]. Das Grundprinzip ist stets gleich: Zunächst wird der Werkstoff einer großen plastischen Kaltverformung ausgesetzt, was eine Erhöhung der Versetzungsdichte zur Folge hat. So wächst im Gefüge eine treibende Kraft, durch die das Material bestrebt ist, einen energetisch günstigeren Zustand zu erreichen. Dieser Vorgang ist thermisch aktiviert und bewirkt das Wandern bzw. Neubilden von Korngrenzen. Die durch die plastische Verformung erhöhte Festigkeit wird dadurch wieder abgebaut [23].

Zunächst muss der Begriff Rekristallisation genau abgegrenzt werden. Im eigentlichen Sinne beschreibt er nur die sogenannte primäre Rekristallisation, bei der an Keimen im Gefüge neue Körner entstehen und wachsen. Man unterscheidet hier zwischen statischer Rekristallisation, die erst im Anschluss an die Verformung während der Wärmebehandlung einsetzt, und der dynamischen Rekristallisation, die schon beim Verformen (meist bei höheren Umformtemperaturen) auftritt. In der Literatur und im Sprachgebrauch werden jedoch oft noch weitere Prozesse, die einen Festigkeitsabfall durch Wärmebehandlung zur Folge haben, unter diesem Begriff zusammengefasst [21].

Nach der bereits beschriebenen *primären Rekristallisation* (Kornneubildung) tritt häufig Kornvergröberung auf. Dabei vergrößern (vergröbern) sich die vorhandenen Körner zunehmend. Hier wird unterschieden, ob das Wachstum bei allen Körnern auftritt (stetige Kornvergrößerung) oder wenige (große) Körner weiter auf Kosten kleinerer zu wachsen beginnen (unstetige Kornvergrößerung). Letzterer Vorgang wird auch als *sekundäre Rekristallisation* bezeichnet.

Der Begriff der Erholung wird oft in einem Zug mit Rekristallisation verwendet, ist jedoch deutlich davon abzugrenzen. Abb. 2.23 zeigt diese Vorgänge schematisch mit den Bereichen I-IV, die der Erholung zugeordnet sind. Einzig die Vorgänge in Bereich V werden als Rekristallisation bezeichnet. Die Erholung beschreibt nur die thermisch aktivierten Reaktionen, die durch Wanderung von Zwischengitteratomen, ausheilen von Gitterfehlern (Bereich I-III) sowie Erholung von verformten Gittern (IV) ablaufen. Dieser Vorgang wird auch als Polygonisation bezeichnet.

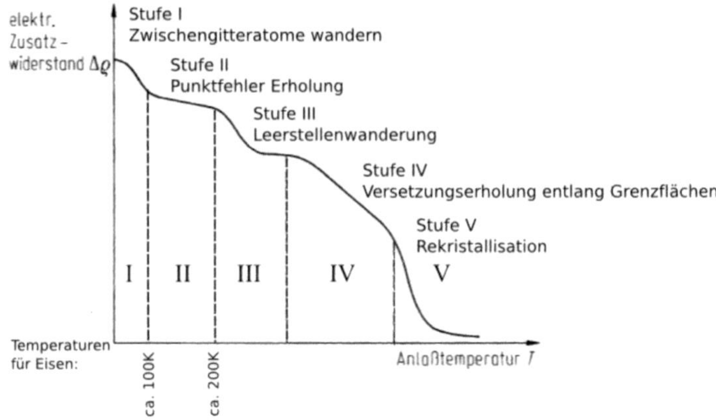

Bild 2.23.: Schematische Darstellung der Erholung und Rekristallisation (ergänzt um Daten für Eisen aus persönlichem Gespräch mit A. Möslang, Juli 2013) [21]

Die treibende Kraft für die Rekristallisation setzt sich aus vielen Einzelbeträgen zusammen (Tabelle 2.2), deren Auswirkungen auf die Gesamtkraft jedoch sehr unterschiedlich sind. Hauptanteil trägt dabei die gespeicherte Verformungsenergie. Die chemische treibende Kraft kann je nach Legierung deutlich variieren. Der hier angegebene Wert von 200 *MPa* bezieht sich auf eine Ag-Cu Legierung. Im Stahl ist dieser Wert um Größenordnungen niedriger. Da die Beiträge der anderen Prozesse um Größenordnungen niedriger sind, soll hier nur auf die Verformungsenergie eingegangen werden.
Für die Energie einer Versetzung pro Längeneinheit gilt:

$$E_v = \frac{1}{2} Gb^2 \tag{2.21}$$

(G - Schubmodul, b - Burgersvektor)
Mit der (nur auf den Ausgangszustand bezogenen) Versetzungsdichte ρ ergibt sich so die treibende Kraft:

$$F_{Rekr} = \rho E_v = \frac{1}{2} \rho Gb^2 \tag{2.22}$$

58

Treibende Kraft	**Absolute Kraft** (im Ag-Cu System)
Gespeicherte Verformungsenergie	$10\,MPa$
Korngrenzenenergie	$10^{-2}\,MPa$
Oberflächenenergie	$2 \cdot 10^{-3}\,MPa$
Chemische treibende Kraft	$2 \cdot 10^{2}\,MPa$ (Bsp: 5% Ag in Cu)
Magnetisches Feld	$3 \cdot 10^{-5}\,MPa$
Elastische Energie	$2.5 \cdot 10^{-4}\,MPa$
Temperaturgradient	$4 \cdot 10^{-5}\,MPa$

Tabelle 2.2.: Einzelbeträge der treibenden Kraft für die Rekristallisation von Ag-Cu Legierungen[23]

Für die Werte $\rho \cong 10^{16} m^{-2}$, $G \cong 5 \cdot 10^{4}\,MPa$ und $b \cong 2 * 10^{-10}\,m$ ergibt sich eine treibende Kraft $F_{Rekr} = 10\,MPa$ (siehe Tabelle 2.2) [23].

Dieser Kraft $F_{Rekr.}$ wirken jedoch Kräfte entgegen. Diese Gegenkräfte sollen im nächsten Abschnitt für den Fall der Rekristallisation von ODS-Legierungen erläutert werden.

2.3.2. Besonderheiten der Rekristallisation von ODS-Legierungen

Beim Betrachten der Rekristallisation von ODS-Legierungen sind einige Besonderheiten zu beachten. So wirkt der treibenden Kraft $F_{Rekr.}$ (siehe Abschnitt 2.3.1) die Behinderung der Versetzungsbewegung und Korngrenzenwanderung durch ODS-Teilchen entgegen. Dieses Phänomen wird als Zener-Kraft bezeichnet und kann durch die Formel

$$F_{Zener} = -\frac{3}{2}\gamma\frac{f}{r_T} \tag{2.23}$$

mit den Größen (γ: spez. Korngrenzenenergie, f: Teilchendichte, r_T Teilchendurchmesser) abgeschätzt werden [44]. Hier ist anzumerken, dass die Grenzfläche des ODS-Partikels weniger wichtig ist als deren Form, Größe und Verteilung. Die Zener-Kraft der Partikel auf Korngrenzen hat Ähnlichkeit mit dem Orowan-Mechanismus, der auf Versetzungen wirkt.

Miodownik et. al [45] haben sich bereits 1997 mit dem Problem der sekundären Rekristallisation bei den kommerziellen, extrudierten 20%Cr ODS-Legierung MA754 beschäftigt. Ausgangspunkt ihrer Forschung waren die Beobachtungen, dass die Legierung trotz fein verteilter Dispersoide sekundäre Rekristallisation mit Kornwachstum zeigte. Der Auslöser für dieses Phänomen konnte nicht in der bisherigen Theorie gefunden werden. Normalerweise werden Körner zum Wachsen angeregt, die einen Größenvorteil gegenüber der restlichen Mikrostruktur haben. Im wärmebehandelten Zustand fand man jedoch eine bimodale Korngrößenverteilung vor, mit Körnern, die noch einen Größenvorteil von Faktor 6 und mehr hatten. Der Größenvorteil kann also nicht die alleinige Ursache für die sekundäre Rekristallisation bei ODS-Legierungen sein.

Beim Auslagern bei verschiedenen Temperaturen fand man heraus, dass sich die Texturen in Abhängigkeit von der gewählten Temperatur ausprägten. Bei Temperaturen unter $1300°C$ konnte sich eine starke $\{100\}$ Textur entwickeln. Wurde der Werkstoff bei noch höheren Temperaturen wärmebehandelt, wurde die $\{100\}$ Textur wieder schwächer. Die treibende Kraft für Kornwachstum ist bei Körnern der $\{100\}$ - Ausrichtung zur Extrusionsrichtung also höher als bei anderer Kristallorientierung. Bei höheren Temperaturen können auch Körner mit anderen Ausrichtungen zum Wachsen angeregt werden [45]. Man bezeichnet diesen Vorgang als orientiertes Keimwachstum [46].

Betrachtet man also Rekristallisationsphänomene bei ODS-Legierungen, muss zwingend die Kristallorientierung beachtet werden, um die resultierenden Mikrostrukturen vollständig erklären zu können.

2.4. Dispersoidcharakterisierung mittels Röntgen-Absorptions-Spektroskopie

Röntgen-Absorptions-Spektroskopie (RAS) beruht auf dem Prinzip der Absorption von Röntgenstrahlen an Atomen in einem Material. Die Atome werden bei der Absorption ionisiert und setzen ein Elektron aus einer kernnahen Schale frei, das sich in Form einer Materiewelle ausbreitet (Abb. 2.24 1). Durch die Freisetzung dieses *Photoelektrons* wird das Atom in einen angeregten Zustand versetzt. Dieser Zustand dauert nur wenige Femto-Sekunden an und kann auf zwei Arten abklingen. Im Bereich weicher Röntgenstrahlen (<2 keV) tritt häufig der *Auger-Effekt* auf, bei dem ein Elektron aus einer weiter entfernten Schale nachrückt und gleichzeitig ein weiteres sogenanntes Auger-Elektron freisetzt (Abb. 2.24 3). Dieser Vorgang läuft strahlungsfrei ab. Ein weiterer Abklingprozess ist die Röntgen-Fluorenz, bei der ein Elektron aus einer weiter entfernten Schale nachrückt unter Aussendung eines Röntgenquants mit charakteristischer Energie (Abb. 2.24 2). Das Nachrücken aus der nächsthöheren Schale wird dabei als α - Übergang bezeichnet, von der übernächsten entsprechend β - Übergang. Die Röntgenquanten werden dann mit ihrer Herkunftsschale und der Art des Übergangs bezeichnet (Bsp. K_α, K_β). Die RAS kann prinzipiell mit beiden Prozessen durchgeführt werden. Experimentelle Aufbauten, die mit Röntgen-Fluorenz arbeiten, sind jedoch häufiger vertreten.

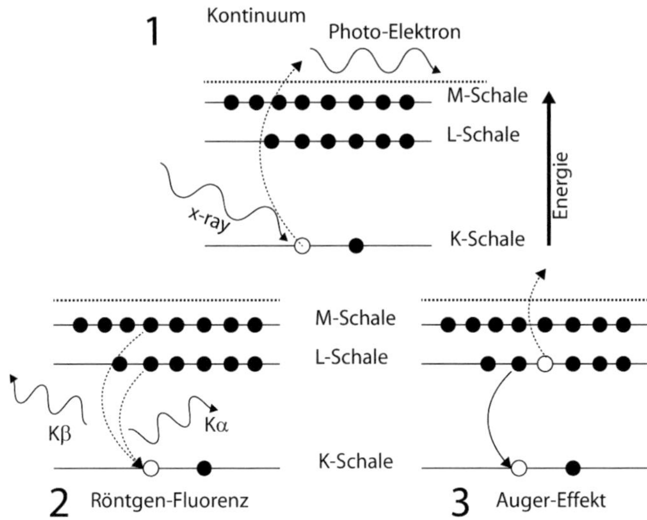

Bild 2.24.: Anregung eines Atoms durch Röntgenstrahlung, Röntgen-Fluorenz und Auger-Effekt [47]

Bei einer Untergruppe der Röntgen-Absorptions-Spektroskopie wird die Feinstruktur des Spektrums nahe der Absorptionskante eines Atoms bei Energien im Bereich der Kernbindungsenergien beobachtet. Dieses Verfahren wird XAFS (x-ray absorption fine structure) genannt und beschreibt auch die Modulation der Absorptionswahrscheinlichkeit eines Atoms durch seinen chemischen und physikalischen Zustand. Dadurch sind XAFS Spektren sensibel für den Oxidationszustand und die Koordinationszahl eines betrachteten Atoms [47]. XAFS stellt dabei eine einfache Methode zur Bestimmung des chemischen Zustands und der lokalen Struktur dieses Atoms dar. Mittels XAFS lassen sich prinzipiell alle Elemente des Periodensystems untersuchen. Eine vorhandene Kristallstruktur ist dafür nicht notwendig, so dass auch amorphe und hochgradig ungeordnete Materialien (z. B. mechanisch legiertes Pulver) untersucht werden können.

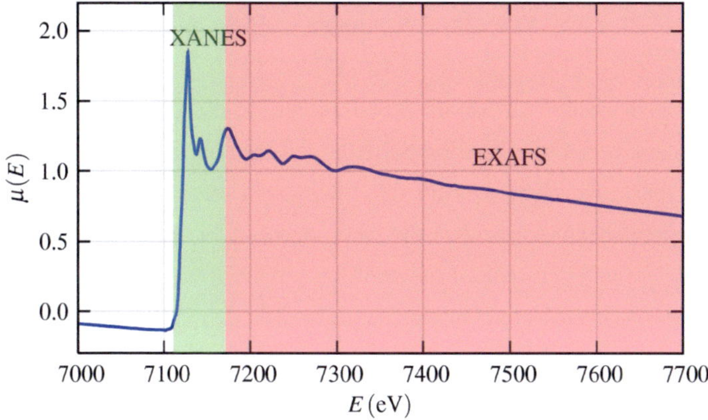

Bild 2.25.: XANES und EXAFS Bereiche im Röntgen-Absorptions-Spektrum [47]

Das Röntgen-Absorptions-Spektrum ist in zwei Bereiche geteilt. In der Nähe der Absorptionskante findet sich der Bereich der *x-ray near edge spectroscopy (XANES)*. Daran schließt sich die *extended x-ray absorption spectroscopy (EXAFS)* Region, wie in Abb. 2.25 dargestellt, an. Diese beiden Teile haben die gleiche physikalische Ursache, sind aber für verschiedene Materialeigenschaften sensibel. So lässt XANES die Bestimmung des Oxidationszustandes zu, während über EXAFS Entfernung, Koordinationszahl und Art der benachbarten Atome ermittelt werden können [47]. Röntgenstrahlen befinden sich im elektromagnetischen Spektrum bei einer Wellenlänge zwischen ca. 25 und 0.25 Å und besitzen eine Energie zwischen ca. 500 eV und 500 keV. Die Absorptionswahrscheinlichkeit μ für Röntgenquanten wird durch das Lambert-Beer-Gesetz

$$I = I_0 e^{-\mu t} \tag{2.24}$$

beschrieben mit I_0 als Auftreff-Intensität der Strahlung, t als Probendicke und I als die Intensität der transmittierten Strahlung [48]. Der Faktor μ wird auch als Absorptionskoeffizient bezeichnet und kann über

$$\mu \approx \frac{\rho Z^4}{AE^3} \tag{2.25}$$

abgeschätzt werden. ρ ist die Probendichte, Z die Ordnungszahl, A die Atommasse und E die Energie der Röntgenstrahlen. Durch den Faktor Z^4 wird direkt ersichtlich, warum die einzelnen Elemente unterschiedliche Absorptionsspektren besitzen, die weit voneinander entfernt sind und sehr gut unterschieden werden können. Darin besteht ein großer Vorteil der Röntgen-Absorptions-Spektroskopie. So sind für den Fall Yttrium und Eisen die Absorptionskoeffizienten um einen Faktor von ca. 6 unterschiedlich. Es wird also der Absorptionskoeffizient in Abhängigkeit der Röntgenenergie E gemessen (Glg. 2.26).

$$\mu(E) = \log(I_0/I) \tag{2.26}$$

gemessen.

Wie bereits erwähnt, ist ein XAFS-Spektrum in zwei Teile geteilt (Abb. 2.25). Bei EXAFS werden die Schwingungen des Spektrums oberhalb der Absorptionskante betrachtet. Daher wird die XAFS Feinstruktur Formel als

$$\chi(E) = \frac{\mu(E) - \mu_0(E)}{\Delta\mu_0(E)} \tag{2.27}$$

definiert. $\mu(E)$ ist der gemessene Absorptionskoeffizient, $\mu_0(E)$ die Hintergrundfunktion eines einzelnen Atoms und $\Delta\mu_0(E)$ der Sprung an der Absorptionskante (Abb. 2.26) [47]. EXAFS wird mit den Wellen-Eigenschaften des Elektrons erklärt, so dass die Röntgenenergie normalerweise als Wellenzahl k mit der Einheit 1/Wellenlänge (λ) angeben wird:

$$k = \sqrt{\frac{2m(E - E_0)}{8\hbar^2}} \tag{2.28}$$

m steht für die Masse des Elektrons. Das Ergebnis ist eine Funktion $\chi(k)$, die mit zunehmendem k sehr schnell abklingt. Um dieses Verhalten zu

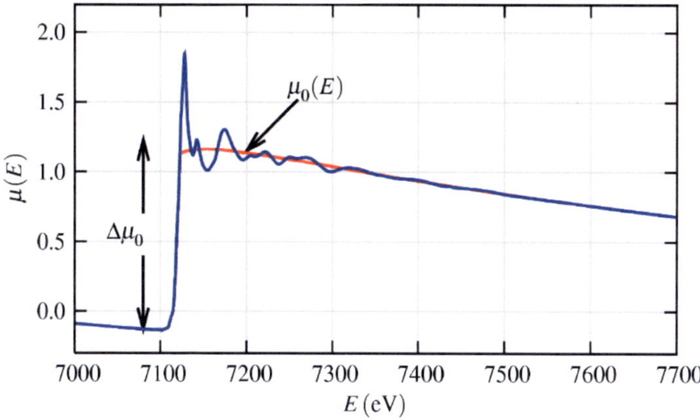

Bild 2.26.: Hintergrundfunktion $\mu_0(E)$ und $\Delta\mu_0(E_0)$ Stufe an der Absorptionskante [47]

unterdrücken wird die Funktion häufig mit k^2 oder k^3 multipliziert (Abb. 2.27).

Die verschiedenen Frequenzen, die den Schwingungen in der $\chi(k)$ Funktion überlagert sind, haben ihren Ursprung in den nächsten Nachbarn des betrachteten Atoms. Diese Frequenzen lassen sich mit der EXAFS Gleichung

$$\chi(k) = \sum_j \frac{N_j f_j(k) e^{-2k^2\sigma_j^2}}{kR_j^2} \sin[2kR_j + \delta_j(k)] \qquad (2.29)$$

modellieren. N ist die Anzahl der nächsten Nachbaratome mit deren Entfernung R und die Störung des Nachbarabstandes σ^2. Diese Größen können aus der EXAFS-Gleichung bestimmt werden, wenn die Streu-Amplitude $f(k)$ und Phasenverschiebung $\delta(k)$ bekannt sind. Da die beiden Werte von der Masse des Atoms und damit von Z abhängig sind, kann mittels EXAFS auch der Elementtyp der Nachbaratome bestimmt werden [47].

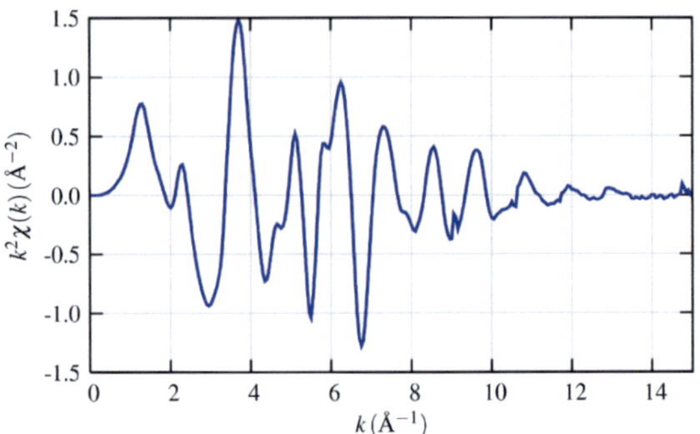

Bild 2.27.: $\chi(k)$ Spektrum mit k^2 multipliziert [47]

2.5. Motivation und Ziele der Arbeit

Die vorangegangenen beiden Kapitel bilden einen Überblick über den Stand der Technik und aktuelle Entwicklungen im Bereich der ODS-Legierungen. Aus den dort dargestellten Punkten lassen sich offene Fragen und Ziele für die vorliegende Arbeit ableiten. Im Rahmen dieser Promotion sollen folgende Fragestellungen bearbeitet werden:

Verbesserung des Produktionsprozesses

Bimodale Korngrößenverteilungen sind bei bisherigen ODS-Legierungen vom Typ Fe-13Cr-1W-0.3Ti + Y_2O_3 stark ausgeprägt. Der Ursprung dieses Phänomens soll analysiert werden. Auch sollte die Tatsache, ob die bimodale Verteilung für die schlechten mechanischen Kennwerte der zuvor produzierten Werkstoffe verantwortlich sind, untersucht werden. Probenentnahme in verschiedenen Stufen der Produktion sollen zum Gesamtverständnis des Prozesses dienen. Hierzu sollte hauptsächlich auf Elektronenmikroskopie zurückgegriffen werden.

Verständnis der verschiedenen Stufen des mechanischen Legierens

Beim mechanischen Legieren findet eine Zwangslösung eines ansonsten unlöslichen Elementes im Stahlpulver statt. Auf Grund der geringen zugesetzten Menge des Elementes ist ein Nachweis des Lösungsvorgangs schwer möglich. Es sollten Verfahren entwickelt und angewandt werden, die es erlauben den Fortschritt dieses Prozesses zu verfolgen.

Das TEM ist ein mächtiges Werkzeug um die Struktur der Pulverpartikel zu bestimmen. Man benötigt jedoch entsprechend präparierte Proben. Hierzu sollte ein geeignetes Verfahren entwickelt werden. Auch Röntgenfluoreszenz-Spektroskopie mit Synchrotonstrahlung bietet eine gute Messgenauigkeit, um Pulver mit geringen Anteilen an Oxidzusätzen zu analysieren.

Entwicklung eines geeigneten Prozesses der thermo-mechanischen Behandlung

Die thermo-mechanische Nachbehandlung von ODS-Legierungen im Anschluss an das Kompaktieren in der Heiß-Isostatischen Presse ist essentiell um gute mechanische Eigenschaften zu erhalten. Bisherige Versuche zeigten jedoch nicht den gewünschten Effekt. Parameter wie Umformgrad und -temperatur bestimmen die dynamische Risszähigkeit der Legierungen. Verschiedene Umformverfahren sollten auf ihre Eignung für die ODS-Produktion untersucht werden. Die Entwicklung der Mikrostruktur und der mechanischen Eigenschaften des Materials waren hierbei von besonderem Interesse.

Verständnis zum Einfluss der Oxidpartikel auf Texturen von ODS-Material nach Umformungen

Die mechanischen Eigenschaften von ferritischen ODS-Legierungen hängen von der Kristallorientierung ab. Das Verständnis der Texturentstehung ist wichtig, um die Werkstoffeigenschaften auf den Anwendungsfall abzustimmen. Durch geeignete Umformung kann, falls gewünscht, anisotropes Werkstoffverhalten eingestellt werden, das entlang der Belastung ausgerichtet ist. Der Einfluss der Oxidpartikel auf die Texturentstehung ist noch weitgehend ungeklärt. Die Rolle der Oxidpartikel auf die Textur und die Rekristallisation sollte untersucht werden.

Mit EBSD-Messungen an den produzierten und umgeformten Legierungen sollten die Texturen untersucht werden. Kombiniert mit FIB-Bildern konnten so große Bereiche der Materialien untersucht werden und mit der Kristallorientierung korreliert werden.

Variation der Dispersoide

Yttriumoxid hat sich als Standard etabliert und wird bei fast allen ODS-Legierungen verwendet. Es sollte untersucht werden, ob andere Oxide auch geeignet sind und ob sie sich im Gefüge nanoskalig ausscheiden lassen. Sie könnten Verbesserungen in Bezug auf die mechanischen Eigenschaften bringen. Da Yttrium zu den Elementen der "seltenen Erden" zählt, ist es entsprechend teuer. Das Ersetzen durch andere, günstigere Oxidbildner könnte die Rohstoffkosten der ODS-Legierungen senken.

Diese Legierungen wurden nach dem gleichen Schema wie ein Referenzmaterial mit Y_2O_3 als Oxidbildner produziert. Der Vergleich und die abschließende Bewertung der einzelnen Oxide erfolgte durch Mikrostrukturuntersuchungen mit FIB, TEM und EBSD. Texturmessungen mit EBSD wurden unterstützend zur Entwicklung von Mikrostruktur-/Eigenschaftsbeziehungen verwendet.

Entwicklung oxidationsbeständiger, ferritischer Legierungen

Die ehemals kommerziellen ODS-Legierungen PM2000 und MA957 bieten sehr gute Kriechfestigkeit kombiniert mit einer hohen Oxidationsbeständigkeit. Die ferritischen ODS-Legierungen Fe-13Cr-1W-0.3Ti + Y_2O_3 sind zwar in den mechanischen Eigenschaften wie Zugfestigkeit und Kerbschlag-zähigkeit überlegen, jedoch bieten sie nicht ausreichend Korrosionsschutz für manche Anwendungen (Flüssigmetall gekühlte Reaktoren, Salzschmelze als Wärmespeicher bei Solarthermie). Durch Korrosion bei hoher Tempera-tur in verschiedenen Medien wie (Luft, Argon, Flüssigmetall) bilden sich Oxidschichten an der Oberfläche, die von der Zusammensetzung der Le-gierung abhängen. Ziel war es, stabile Schichten zu erreichen, die einen weiteren Angriff der Materials verhindern.

Es sollte untersucht werden, ob das Verfahren des mechanischen Legie-rens geeignet ist, um Legierungen mit verschiedenen Aluminiumgehalten zu produzieren. Die Variation wurde durch Zugabe von Elementpulvern zu einem vorlegierten Pulver durchgeführt. Auch hier wurden Mikrostruk-turuntersuchungen und mechanische Tests zur Bewertung der einzelnen Versuchschargen genutzt. Zusätzlich sollten erste Korrosionstests in ver-schiedenen Medien durchgeführt werden.

3. Arbeitsmethoden und -material

Das Arbeitsprogramm der vorliegenden Arbeit umfasst fast den gesamten Produktionsprozess von ODS-Legierungen. Die Untersuchungen reichen von der Durchführung und Validierung des mechanischen Legierens der Pulver bis hin zur Charakterisierung der Legierungen. Im Anschluss daran wurden die Einflüsse nachgeschalteter thermo-mechanischer Behandlungen studiert. Ein essentieller Teil zum Verständnis der Eigenschaften von ODS-Legierungen ist die Verteilung, Beschaffenheit und chemische Zusammensetzung der Oxidpartikel. Auch diese wurden analysiert. Die für die einzelnen Untersuchungen angewandten Methoden werden nun beschrieben.

3.1. Herstellung ferritischer ODS-Legierungen

Die ODS-Legierungen für diese Arbeit basieren auf einem vorlegierten Grundpulver. Dieses wurde von der Firma Nanoval mit der nominellen Zusammensetzung von Fe-13Cr-1W-0.3Ti hergestellt. Es wurde aus elementaren Pulvern zusammengemischt, aufgeschmolzen und anschließend mit Argon verdüst. Die chemische Analyse des Pulvers ist in Tabelle 3.1 dargestellt.

Fe	Cr	W	Ti	C	Mo	Mn
bal.	13.35	0.87	0.21	<0.005	0.010	<0.005
	Nb	Si	Ni	Co	V	O_2
	< 0.005	0.18	<0.005	0.01	<0.005	0.023

Tabelle 3.1.: Chemische Analyse des Pulvers von Nanoval [Gew.%] (SAL Labor, Linkenheim)

Tabelle 3.2 zeigt eine Übersicht aller im Rahmen dieser Arbeit hergestellten Legierungen. Sie stellt dabei auch einen chronologischen Aufbau der Legierungsherstellung dar. Zu Beginn wurden zunächst Versuche mit Yttrium-basierten ODS Legierungen durchgeführt. Ausgehend von einem bestehenden Parametersatz [6] wurden Parametervariationen durchgeführt und anschließend mit TEM-Untersuchungen validiert. Diese Legierungen dienen im Laufe der Arbeit der Referenz.

Eine anschließende Studie mit Variation der zugesetzten Oxide soll deren mögliche Verwendung in ODS-Legierungen prüfen. Für die letzte Gruppe der Versuchslegierungen wurde die chemische Zusammensetzung der Grundlegierung variiert. Die Zugabe von Aluminium soll die Korrosionsbeständigkeit in verschiedenen Medien (Luft/Flüssigmetall) erhöhen. Ein erwarteter Abfall der mechanischen Festigkeiten durch Aluminium in den Legierungen soll ebenso untersucht werden. Inwiefern dieser Abfall durch die ODS-Teilchen kompensiert werden kann ist auch zu klären.

In Tabelle 3.3 sind die Al-haltigen Legierungen nochmals getrennt aufgeführt. Der Aluminiumgehalt wurde durch Beimischung der intermetallischen Phase $FeAl_3$ eingestellt. Reines Aluminium-Pulver oxidiert sehr leicht an Luft und würde zu einer unerwünschten Erhöhung des Sauerstoffgehaltes führen. Die selben Gründe führten auch zum Verzicht auf Y_2O_3 zu Gunsten von Fe_3Y. Durch die im Pulver vorhandene Menge an Sauerstoff kann eine Ausscheidung von Yttrium-haltigen (Nano-) Oxidpartikeln dennoch stattfinden. Die Zugabe von Chrom und Titan (in Form von TiH_2) wurde notwendig, um die Legierungszusammensetzung konstant zu halten, da die zusätzliche Menge von Eisen durch $FeAl_3$ die anderen Legierungsbestandteile zu stark verdünnt hätte.

Für die Auswahl der Oxidzusätze wurden verschiedene Gesichtspunkte berücksichtigt. Yttrium-Oxid (Y_2O_3) ist eines der stabilsten bekannten Oxide und auf Grund seines Atomradius im Vergleich zur Eisen-Matrix sehr gut als Dispersoid geeignet. Für ferritische und ferritisch-martensitische ODS-Legierungen wird es seit vielen Jahren verwendet [5] und kann als

Nr.	Bez.	Oxid	Zusätze	Mahldauer	Kompakt.	Umform.
1	Y-24	0.3 g Y_2O_3	-	24 h	-	-
2	Y-48	0.3 g Y_2O_3	-	48 h	-	-
3	Y-80	0.3 g Y_2O_3	-	80 h	HIP	-
4	Y-1	0.3 g Y_2O_3	-	80 h	HIP	HR
5	O1	0.3 g La_2O_3	-	80 h	HIP	HR
6	O2	0.3 g ZrO_2	-	80 h	HIP	HR
7	O3	0.3 g Ce_2O_3	-	80 h	HIP	HR
8	O4	0.3 g MgO	-	80 h	HIP	HR
9	FY	1.32 g Fe_3Y	-	80 h		HR
10	AL-2	0.3 g Y_2O_3	2 % Al	80 h		HR
11	AL-3	0.3 g Y_2O_3	3 % Al	80 h		HR
12	AL-4	0.3 g Y_2O_3	4 % Al	80 h		HR
12	HX-1	Fe_3Y	-	80 h	-	extrudiert

Tabelle 3.2.: Übersicht aller hergestellten Legierungen (absolute Gewichtsangaben auf 100 g Legierungsmasse bezogen)

Bez.	Fe-13Cr-1W-0.3Ti	Y_2O_3	$FeAl_3$	TiH_2	Cr
AL-2	191.09 g	0.60 g	9.8 g	0.2 g	0.49 g
AL-3	183.39 g	0.60 g	14.71 g	0.21 g	1.52 g
AL-4	177.64 g	0.60 g	19.61 g	0.23 g	2.28 g

Tabelle 3.3.: Pulverzusätze der Al-haltigen ODS-Legierungen (Mengenangabe auf eine Legierungsmasse von 200 g bezogen)

Standard-Oxidzusatz bezeichnet werden. Es gilt also zunächst zu untersuchen, wie sich ähnliche Oxide, so genannte Sesqui-Oxide, mit der Zusammensetzung 3-wertiges Metall mit 2-wertigem Sauerstoff (M_2O_3) verhalten. Oxide dieser Klasse sind das ausgewählte La_2O_3 und Ce_2O_3. Eine grobe Vorauswahl für weitere Kandidaten wurde anhand der Gibb'schen Freien Enthalpie getroffen, die ein Indikator für Stabilität der Verbindungen ist. Viele Oxide waren dabei aus Gründen wie Eigenschaften unter Bestrahlung (BO) oder möglicher Toxizität (BeO) nicht geeignet. Al_2O_3 wurde im Hinblick auf Versuche mit Aluminium als Legierungszusatz zur Erhöhung der Korrosionsbeständigkeit nicht verwendet. ZrO_2 wurde wegen einer mit Yttrium vergleichbaren Atommasse ausgewählt. Auf MgO wurde zurückgegriffen, um die Auswirkungen der Zugabe eines drastisch leichteren Oxids zu untersuchen. Zudem ist Magnesium ein niedrig-aktivierendes Element und eignet sich besonders für Fusionswerkstoffe. Tabelle 3.4 zeigt die Atomgewichte und sich ergebenden Atom-Prozent-Anteile in den hergestellten Legierungen.

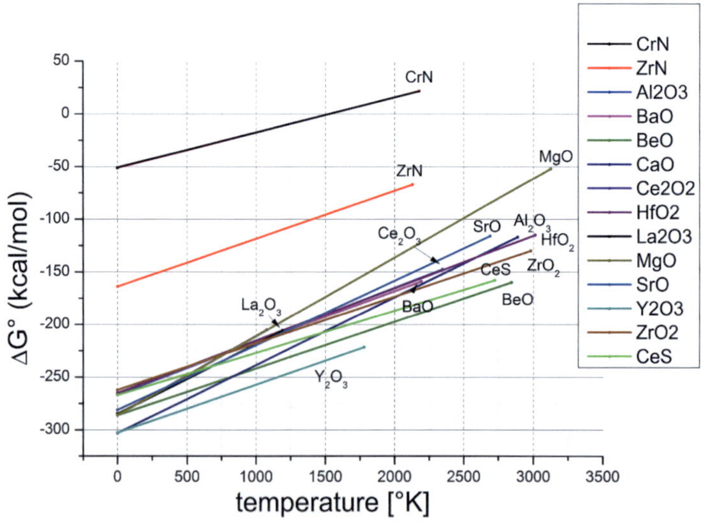

Bild 3.1.: Freie Enthalpie verschiedener Oxide und Nitride [49]

3.1.1. Mechanisches Legieren

Die Mischung der Legierungsbestandteile fand teilweise in einer Handschuh-box unter Argon-Atmosphäre statt. Hier wurden auch alle Oxidzusätze und Pulver gelagert. Eine Ausnahme bildete nur das vorlegierte Stahlpulver, da es auf Grund der Gebindegröße nicht in der Box verarbeitet werden kann. In der Handschuhbox befindet sich eine Waage, so dass die Pulver in Argon-Atmosphäre abgewogen wurden und, ohne dem Luftsauerstoff ausgesetzt zu werden, in die Mühle gefüllt werden konnten. Diese Methode wurde im Laufe der Arbeit verfeinert und bei den Legierungen Nummern 8 bis 12 angewandt.

Die Legierungen wurden mit den in der Tabelle 3.2 aufgeführten Parame-tern in einer Zoz Simoloyer CM02 Kugelmühle mechanisch legiert. Alle Mahlungen fanden ausnahmslos in Argon-Atmosphäre statt. Hierzu wurde die Pulver-Oxid-Mischung in die Mühle eingefüllt, der gesamte Mahlbe-hälter anschließend 3 Mal evakuiert und mit Argon gespült. Während der gesamten Prozessdauer war die Gaszufuhr permanent geöffnet, so dass im Falle eventueller Lecks eine Kontamination des Mahlgutes ausgeschlossen werden konnte. Die Rotordrehzahl betrug dabei 1200 U/min für 4 Minuten und 800 U/min für 1 Minute für alle Chargen. Dieser 5 Minuten Zyklus wurde entsprechend oft wiederholt bis die gewünschte Mahldauer erreicht war (zum Beispiel 288 Wiederholung bei 24 Stunden Mahldauer). Anschließend wurde eine mit Argon-Gas gefüllte Stahlflasche angeflanscht, evakuiert und die gesamte Mahltrommel um 180° nach unten gedreht. Nach dem Öffnen der Ventile der Flasche wurde für 30 Minuten das Pulver wieder

Oxid	Y_2O_3	La_2O_3	Ce_2O_3	ZrO_2	MgO
Atomgewicht [g/mol]	225.8	325.8	328.2	123.2	40.3
Anteil in Leg. [Gew.%]	0.3	0.3	0.3	0.3	0.3
Anteil in Leg. [At.%]	0.074	0.051	0.051	0.136	0.414

Tabelle 3.4.: Übersicht der ausgewählten Oxide

aus der Trommel ausgemahlen. Beim Ausmahl-Prozess werden verschiedene Drehzahlstufen zwischen 500 und 1600 U/min jeweils für 1 Minute gehalten, um das Pulver vollständig von der Wand zu lösen und in die Flasche zu befördern.

3.1.2. Kompaktierung

Die gemahlenen Pulver wurden in der Argon-Handschuhbox gelagert bis zur Abfüllung in HIP-Kapseln. Abbildung 3.2 zeigt eine entsprechende Kapsel. Die Abmaße sind variabel und können abhängig von der vorhandenen Pulver-Menge und Chargengröße angepasst werden. Um eine gleichmäßige Druckverteilung während des Heiß-Isostatischen-Pressens zu gewährleisten, sind jedoch zylindrische Kapseln zu bevorzugen. Die Kompaktierung fand bei der Firma Bodycote in Haag-Winden (Bayern) statt. Die Größe der HIP reicht aus, um alle Kapsel gleichzeitig zu prozessieren. Abb. 3.3 zeigt Druck und Temperaturen des Prozesses. Durch die langsamen Auf- und Abkühlraten dauert ein HIP-Prozess ca. 7 bis 8 Stunden (Abhängig von der jeweiligen Haltezeit). Die hier gewählten Parameter sind 1150°C HIP-Temperatur bei 100 MPa für 2 Stunden mit Heiz- und Kühlraten von ca. 8 K/min. Nach dem HIPen ist die Edelstahl-Kapsel fest mit dem ODS-Material verbunden und muss abgedreht oder -gefräst werden.
Zum Heiß-Extrudieren werden ähnliche Kapseln wie beim Heiß-Isostatischen-Pressen benutzt. Der einzige Unterschied besteht in der größeren Wandstärke

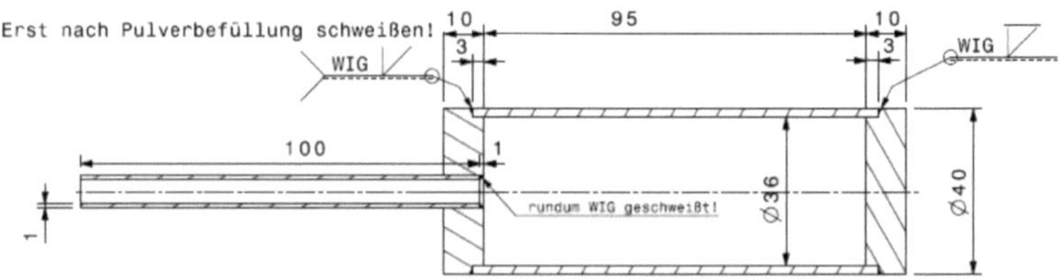

Bild 3.2.: Pulverkapsel aus 1.4301 Edelstahl zum Heiß-Isostatischen-Pressen

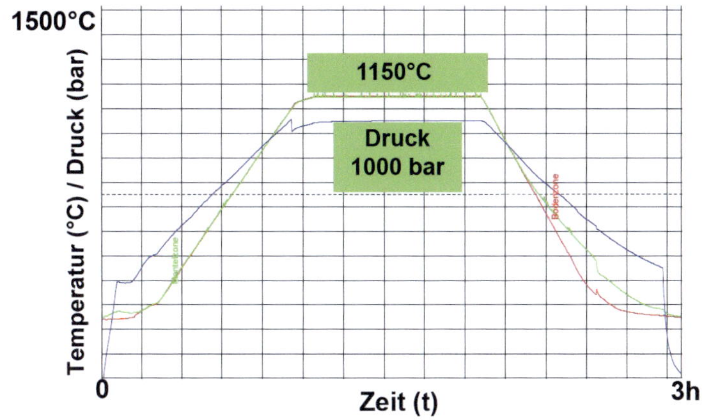

Bild 3.3.: Prozessschrieb des HIP Zyklus für ODS-Legierungen

Durchmesser [mm]	Reduktion (absolut) [mm]	Reduktion [%]	Umformgrad ϕ
40	-	-	-
33	7	17.5	-0.39
26	7	21.5	-0.24
20	6	23.1	-0.26
14	6	30	-0.36
9	5	35.7	-0.44
6	3	33	-0.41
		Gesamtumformgrad	-1.43

Tabelle 3.5.: Walzschritte mit Angaben der Kapseldicke, Reduktion und des Umformgrades

auf Grund der auftretenden Belastungen während des Strangpressens. Die Kapsel ist für eine Menge von ca. 1 kg Pulver ausgelegt, da der Durchmesser auf die Stempel- und Werkzeuggröße der Presse abgestimmt werden muss. Die entsprechenden Zeichnungen aller Kapselgeometrien finden sich im Anhang.

3.1.3. Thermo-mechanische Behandlung

Die Legierungen wurden alle der gleichen thermo-mechanischen Behandlung unterzogen. Sie wurden an der Technischen Universität Clausthal in Clausthal-Zellerfeld heißgewalzt. Die Proben wurden mit Kapselwandung prozessiert um eine Oxidation des heißen Materials an Luft zu verhindern. Ein weiterer Vorteil besteht in der Reduktion des Thermo-Schocks, der beim Kontakt der heißen Kapseln mit dem kalten Walzen entsteht. Der schematische Ablauf des Walzens ist in Abbildung 3.4 zu sehen. Die Kapseln wurden zunächst bei 1100°C in Normalatmosphäre (Luft) im Ofen für ca. 30 Minuten geglüht um eine gleichmäßige Erwärmung der Rohlinge zu gewährleisten. Die gewünschte Dicke der Proben nach dem Walzen beträgt 6 mm. Um diese Dicke zu erhalten wurde in mehreren Durchgängen gewalzt. Nach jedem Walzvorgang wurden die Proben jeweils nochmals 10 min im Ofen erneut auf 1100°C geheizt. Die Reduktion verlief in den in Tabelle 3.5 notierten Schritten. Beim hier angewandten Verfahren handelt es sich um

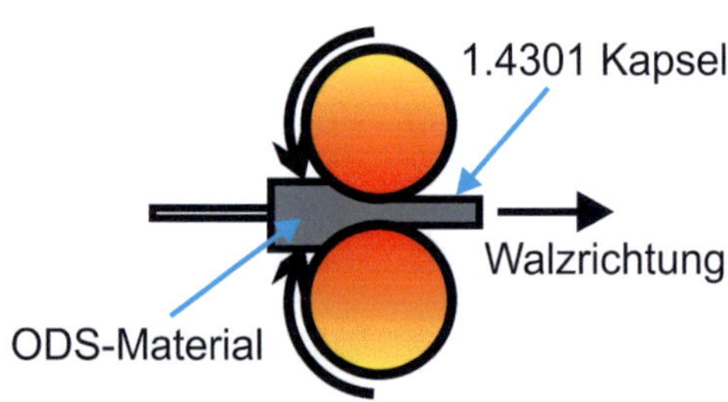

Bild 3.4.: schematischer Ablauf des Walzvorgangs am eingekapselten ODS-Material

Flach-Längswalzen, die Walzrichtung bleibt also für alle Durchgänge gleich (vgl. Kreuzwalzen).

Während der letzten beiden Durchgänge bildeten sich zunächst bei Legierung Nr. 5 Risse, später traten dann bei allen oxidverstärkten Legierungen Risse entlang der Kanten in Richtung des Probeninneren auf. Diese breiteten sich bei jedem Walzgang weiter aus. Bei Nr. 4 und Nr. 9 (beides Yttrium-basierte ODS-Legierungen) waren die Risse jedoch nicht so stark ausgeprägt. Die Legierungen haben sich nach den letzten beiden Walzdurchgängen in Richtung der Walze gebogen. Um sie wieder gerade zu richten, wurden sie erneut auf 1100°C temperiert und anschließend auf einer hydraulischen Presse flachgepresst und gerichtet. Im Anschluss an das Walzen wurden die Proben für 1 Stunde bei 800°C im Ofen spannungsfrei geglüht um die Probenfertigung zu erleichtern.

Der Umformgrad während des Walzens wird wie folgt definiert [50]:

$$\phi = \ln \frac{d_2}{d_1} = \ln \frac{A_2}{A_1} \tag{3.1}$$

Die Größen entsprechen: d_2: Kapseldicke nach dem Walzen, d_1: Kapseldicke vor dem Walzen, A_2: Stirnfläche nach dem Walzen, A_1: Stirnfläche vor dem Walzen. Für eine Stauchung des Werkstückes wäre dieser Wert positiv, beim Walzen ist er negativ. Da die Fläche während des Walzens nicht genau bestimmt werden kann, muss der Umformgrad abgeschätzt werden. Es entsteht kaum Breitung der Fläche quer zur Walzrichtung. Die Verformung wird fast vollständig in die Verlängerung des Werkstücks umgewandelt. Die (End-)Breite der Kapseln von ca. 50 mm stellte sich schon nach dem 2. Walzschritt ein. Daher wurde der Umformgrad ab 26 mm Durchmesser mittels der Fläche eines Rechtecks statt eines Kreises angenähert. Die Verformung der Kapsel nach verschiedenen Stichen während des Walzens ist in Abb. 3.5 zu sehen.

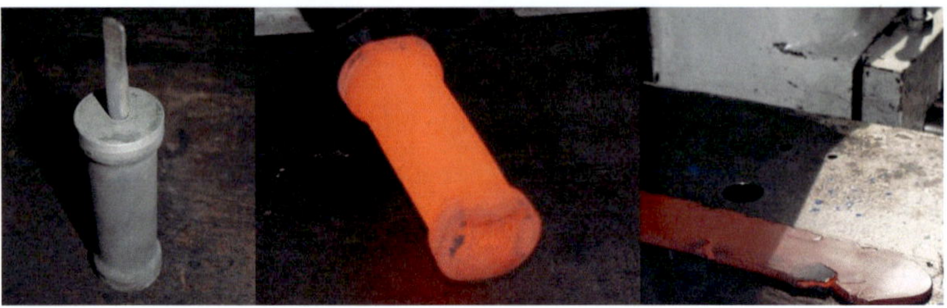

Bild 3.5.: Kapseln nach dem HIPen, während eines Zwischenschritts und im Endzustand beim Walzen

Eine Ausnahme bei der thermo-mechanischen Behandlung bildet nur Legierung Nr. 12. Hier wurde statt einer Kombination aus HIP und HR direkt mit der Extrusion begonnen. Der Versuch wurde am Forschungszentrum für Strangpressen der Technischen Universität Berlin durchgeführt. Der Ausgangsdurchmesser (120 mm) der Pulverkapsel wurde dabei direkt in einem Durchgang auf ca. 15 mm Durchmesser stranggepresst bei 1150°C. In Abbildung 3.6 ist der Aufbau der Extrusionsanlage zu sehen. Der Geschwindigkeits- und Kraftverlauf ist in Abbildung 3.7 dargestellt. Der Prozess lässt sich grob in zwei Bereiche einteilen. Zunächst wird die heiße Kapsel komprimiert mit geringer Geschwindigkeit und linearem Kraftanstieg. Wenn die Kraft zum Auspressen einer Stange aus der Matrize ausreicht, steigt die Stempelgeschwindigkeit steil an. Die eigentliche Extrusion dauert dann nur wenige Sekunden (hier ca. 3.5 s). Aus dem Diagramm wird auch ersichtlich, dass die 120 mm lange Kapsel nur bis ca. 100 mm gepresst werden kann (siehe Abb. 3.8). Der Enddurchmesser von 12 mm wurde gewählt, um noch Proben für mechanische Versuche fertigen zu können. Der Umformgrad lässt sich auch hier analog zum Walzen bestimmen und beträgt $\phi = -1.91$.

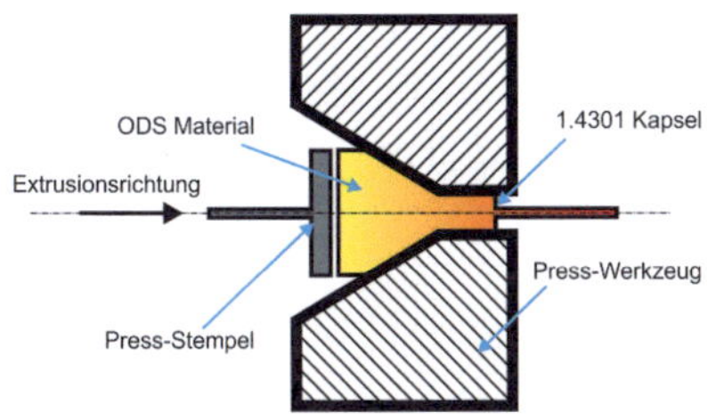

Bild 3.6.: Schematische Darstellung des Strangpressens (Heiß-Extrusion)

3.2. Mechanische Versuche

Auf Grund der Beschaffenheit der umgeformten Materialien ist die Probenorientierung wichtig für die Auswertung der mechanischen Kennwerte. Abbildung 3.9 zeigt die hier gewählten Konventionen für die Bezeichnung der Probenlage relativ zur Walzrichtung. Diese Bezeichnungen werden für alle Elektronenmikroskopie, Nanoindentation und EBSD Aufnahmen verwendet. Bei Kerbschlagbiegeversuchen (KSBV) wird die Orientierung der Längsachse der Probe sowie die Richtung der Kerbe des geprüften Querschnitts mit zwei Buchstaben angegeben. Eine Probe für KSBV der Bezeichnung TS ist also in T-Orientierung entnommen mit einer Kerbe, die in S Richtung zeigt. Es ergeben sich damit sechs mögliche Probenorientierungen. Auf Grund der Dicke der Platten von 6 mm sind jedoch nur die in Abb. 3.10 gezeigten Orientierungen möglich. Alle Proben für die mechanischen Versuche wurden mittels Draht-Erosion in der Zentralwerkstatt TID-DEG des KIT Campus Nord gefertigt.

Die Auswertung und Darstellung der Ergebnisse der mechanischen Versuche wurde mit der Software Origin Version 8 durchgeführt. Ausgleichskurven in Diagrammen sind, falls nicht anders in der Grafik angegeben, mittels B-Spline-Approximation angenähert worden.

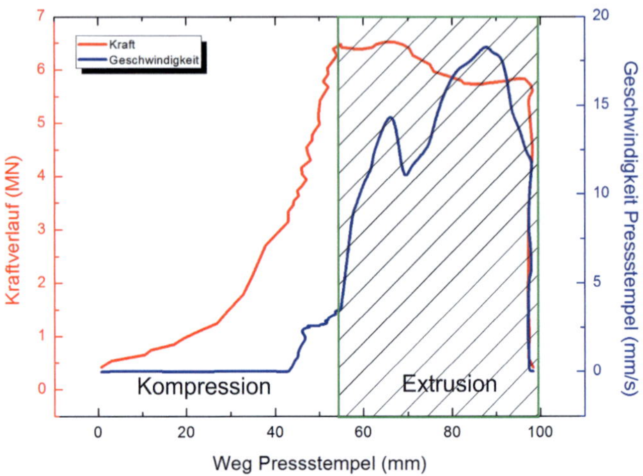

Bild 3.7.: Kraft- und Geschwindigkeitsverlauf des Extrusionsprozesses

Bild 3.8.: Nicht-gepresster Teil der Extrusionskapsel

$$N_{i,p,\tau}(u) = \frac{u - \tau_i}{\tau_{i+p} - \tau_i} N_{i,p-1,\tau}(u) + \frac{\tau_{i+p+1} - u}{\tau_{i+p+1} - \tau_{i+1}} N_{i+1,p-1,\tau}(u), p > 0 \quad (3.2)$$

$$N_{i,0,\tau}(u) = \begin{cases} 1, & u \in [\tau_i, \tau_{i+1}] \\ 0, & sonst \end{cases} \quad (3.3)$$

Mit den Knotenvektoren (Messpunkten) $\tau = (\tau_0, ..., \tau_{n-1})$ wird durch die Rekursionsformeln 3.2 und 3.3 eine Gerade aus mehreren Stücken (splines) angenähert.

3.2.1. Kerbschlag-Biege-Versuche

Die Kerbschlag-Biege-Versuche wurden mit einer instrumentierten, automatischen Prüfmaschine durchgeführt. Die Proben werden dabei aus einem Magazin in eine Temperierkammer transportiert. Dort können Temperaturen zwischen ca. -150°C (flüssiger N_2) und 500°C erreicht werden. Nach kurzer Haltezeit zwischen 5 und 10 Minuten zur Homogenisierung der Temperaturverteilung werden die Proben automatisch auf das Widerlager unter dem Pendelschlagwerk gesetzt und getestet. Durch die Vollautomatisierung können Temperaturschwankungen zwischen Versuchen fast vollständig vermieden werden und mit einer geringen Probenmenge bereits aussagekräftige Sprödbruch-Übergangstemperatur-Kurven erstellt werden. Die Messung der Kerbschlagzähigkeit geschieht über Dehnungsmessstreifen (DMS) auf der Finne, die die Kraft beim Auftreffen des Hammers auf die Probe messen. Zur

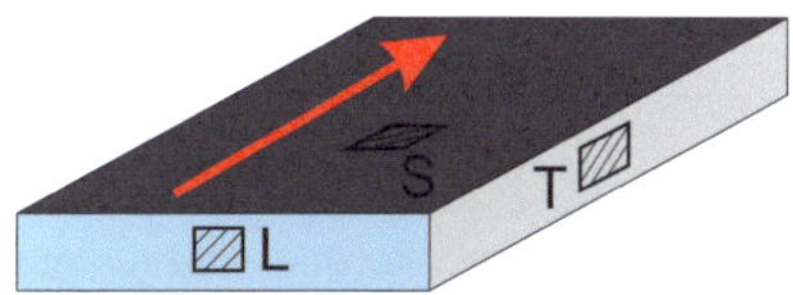

Bild 3.9.: Probenorientierung relativ zur Walzrichtung

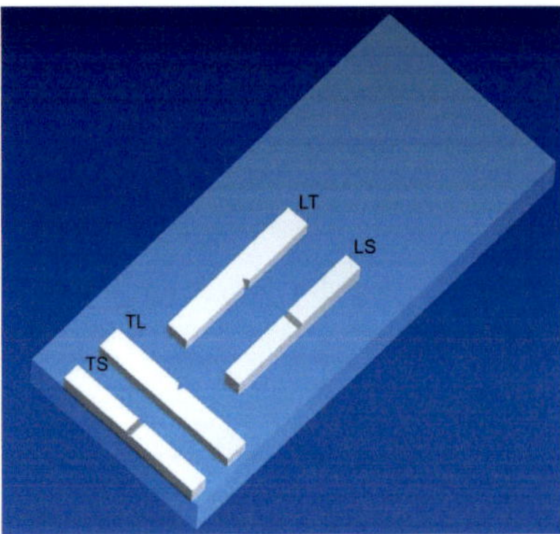

Bild 3.10.: Probenorientierung von Kerbschlagbiegeproben

Ermittlung der Kerbschlagenergie wird die gemessene Kraft-/Zeit-Kurve numerisch integriert.

Die Anlage eignet sich zum Prüfen von KLST-Proben. Die Abmessungen betragen $3 \times 4 \times 27$ mm^2 mit einer 1 mm tiefen Kerbe mit einem Kerbradius von 0.1 mm. Die Proben sind in der DIN 50115 spezifiziert, eine entsprechende Zeichnung findet sich im Anhang. Vor jedem Versuch wurden die Proben am Profilprojektor-Tisch exakt vermessen und protokolliert, so dass Fertigungsschwankungen nachvollzogen werden können. Sofern keine ungewöhnlichen Abweichungen von der Geometrie auftreten, wird auf eine Auflistung der Vermessungsdaten verzichtet.

3.2.2. Zugversuche

Die Zugversuche wurden an einer Universalprüfmaschine Z100 der Firma Zwick-Roell durchgeführt. Ein Vakuum-Ofen der Firma MAYTEC umschließt den Probenraum und erlaubt Versuchstemperaturen von bis zu 1300°C. Die Kammer erreicht dabei ein Vakuum von 10^{-5} mbar. Die auftretenden Kräfte werden mittels einer Kraftmessdose gemessen. Die Dehnung wird mit einem Extensometer mit Keramik-Tastspitzen ermittelt. Der Ver-

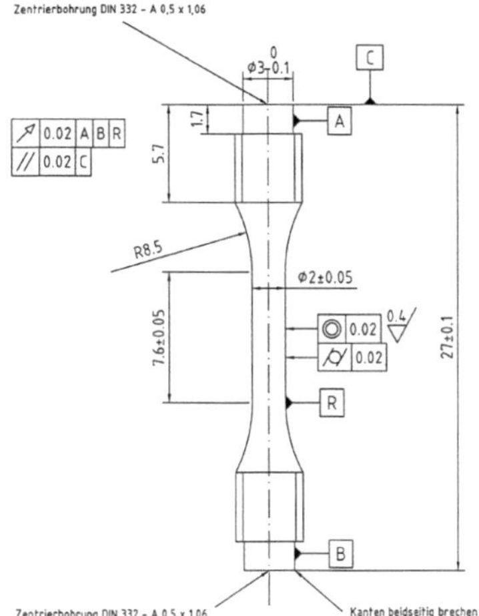

Bild 3.11.: Miniaturisierter Zugprüfstab (mini-LCF Probe)

such und die Auswertung werden über einen PC mit der Software TestXPert Version 12 gesteuert.

Die verwendete Probengeometrie für die Zugversuche wird als mini-LCF Proben bezeichnet und eignen sich in einem sehr weiten Parameterbereich für Ermüdungsversuche. Es handelt sich dabei um miniaturisierte zylindrische Zugproben. Abbildung 3.11 zeigt die verwendete Geometrie. Zur Vorbereitung des Versuchs wird die Probe im unteren Aufnehmer fest eingeschraubt und die obere Mutter wird locker angesetzt. Die Steuerungssoftware regelt anschließend auf eine Vorkraft von 10 N und hält diese Belastung. Die Aufhängung wird nun so lange zugedreht bis die Probe kraftschlüssig eingebaut ist. Nach dem die Extensometer-Taster an die Messstrecke angesetzt sind wird die Probenkammer geschlossen, evakuiert und auf die gewünschte Temperatur aufgeheizt. Die Versuche im Rahmen dieser Arbeit wurden bei Temperaturen zwischen 20°C und 700°C durchgeführt. Die Fahr-Geschwindigkeit des Querhauptes beträgt bei allen Versuchen 0.1 mm/min. Der gesamte Versuchsaufbau ist in Abbildung 3.12 zu sehen.

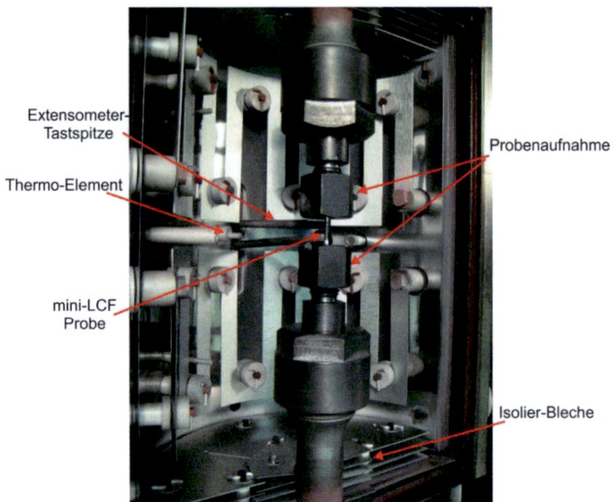

Bild 3.12.: Probenraum der Zwick 100 Universalprüfmaschine

Aus den Werten der Kraft-Verlängerungskurve werden die Spannungen und Dehnung über die folgenden Formeln berechnet.

$$\sigma_{Zug} = \frac{4 \cdot F_{Zug}}{\pi \cdot d_A^2} \qquad (3.4)$$

$$\varepsilon_{Zug} = \frac{\Delta L}{L_A} \cdot 100\% \qquad (3.5)$$

mit F_{Zug}: gemessene Kraft beim Zugversuch, d_A: Anfangsquerschnitt der Zugprobe, ΔL: Längenänderung während des Versuches, L_A: Anfangs-Messlänge der Zugprobe.

Der Wert des Elastizitäts-Moduls (E-Modul) wird im Bereich der Spannung zwischen 50 und 100 N/mm^2 ermittelt. Die allgemeine Formel der Ausgleichsgeraden lautet:

$$E = \frac{(\sigma_O - \sigma_U) \cdot \varepsilon_U}{(\varepsilon_O - \varepsilon_U)} \qquad (3.6)$$

mit σ_U: untere Grenze der Ausgleichsgerade (hier: 50 N/mm^2), σ_O: obere

Grenze der Ausgleichsgerade (hier: 100 N/mm^2), ε_0: Proben-Messlänge an der oberen Grenze, ε_U: Proben-Messlänge an der unteren Grenze.

3.3. Charakterisierung von mechanisch legierten Pulvern

Die Charakterisierung von mechanisch legierten Pulvern ist essentiell für die Kontrolle des Fertigungsprozesses von ODS-Legierungen. Da die Produktion der Materialien mit sehr hohem Zeit- und Kostenaufwand verbunden ist, muss eine Kontrolle des Prozesses schon nach dem mechanischen Legieren durchgeführt werden. Dies gilt insbesondere bei der Anpassung der Herstellungsparameter einer bestehenden Legierung für eine neue Materialklasse. Durch die in [6] durchgeführten Untersuchungen konnte auf einen vorhandenen Parametersatz zurückgegriffen werden. Dieser wurde entsprechend für die neuen aluminiumhaltigen Legierungen des Typs Fe-13Cr-1W-0.3Ti +xAl angepasst.

3.3.1. Partikelgrößen-Analyse

Es gibt zwei gebräuchliche Verfahren zur Ermittlung der Pulverpartikelgrößenverteilung. Ein einfaches Verfahren ist das Sieben des Pulvers mit einem Siebturm. Die Anlage besteht aus einem vibrierenden Standfuß auf dem Siebe verschiedener Maschenweite in zunehmender Größe gestapelt werden. Nach einer vorher festgelegten Zeit (gebräuchlicherweise ca. 30 Minuten) werden die Fraktionen der einzelnen Siebe gewogen und eine Partikelgrößenverteilung erstellt. Ein großer Nachteil des Verfahrens ist die benötigte Pulvermenge. Verluste durch verstopfte Maschen und an der Wand haftendes Pulver können die Messungen stark verfälschen. Um eine geringe Streuung und hohe Aussagekraft der Ergebnisse zu erzielen sollte die abzuwiegende Pulvermenge im dreistelligen Grammbereich liegen.

Kleine Pulvermengen können mittels der Laserlicht-Streuung schnell und zuverlässig charakterisiert werden. Für eine Analyse genügen schon wenige Gramm um zuverlässige Ergebnisse zu erhalten. Die Pulver wurden mit einem Horiba LA-950 Laser-Scattering-Particle-Analyzer gemessen. Die Größenverteilung der Partikel wurde mit der mitgelieferten Software ausgewertet und geplottet. Der Messbereich dieses Gerätes beträgt 10 nm bis 3 mm und liegt damit im Bereich der zu erwartenden Partikelgrößen. Die Lichtstreuung an einem Pulverpartikel ist in Abbildung 3.13 schematisch zu sehen. Die einzelnen Partikel ergeben dabei ein Streumuster, das über einen Algorithmus ausgewertet wird, der die Größe in Abhängigkeit von Intensität und Winkel des gestreuten Laserlichtes ermittelt [51]. Die Messzeit beträgt circa 1 Minute und erlaubt dadurch einen sehr hohen Probendurchsatz.

Die Pulver werden zunächst in einem Reagenzglas mit Iso-Propanol gemischt. Um Agglomerate zu vermeiden wird für 30 Sekunden ein Ultraschall-Generator in das Glas eingetaucht. Die so durchmischte Flüssigkeit wird anschließend in den Analysator LA-950 eingegeben. Die Messung findet ebenfalls in einem Kreislauf aus Iso-Propanol statt.

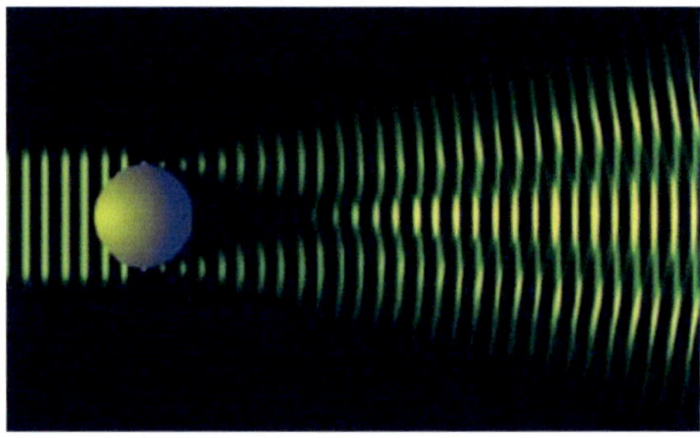

Bild 3.13.: Laserlicht Streuung an einem sphärischen Pulverpartikel [51]

3.3.2. Wachstum von ODS-Teilchen in mechanisch legierten Pulvern nach Wärmebehandlung - XAFS

Während des mechanischen Legierens wird idealerweise der gesamte Anteil an zugesetztem Y_2O_3 im Pulver zwangsgelöst. Bei der Wärmebehandlung während des Kompaktierens scheidet sich das gelöste Yttrium aus und bildet nano-große Oxidpartikel. Den Anteil an gelöstem und ausgeschiedenem

Yttrium zu bestimmen ist nicht trivial. Durch den geringen Masseanteil des Oxidzusatzes an der gesamten Legierung sind nur wenige Messmethoden in der Lage, diesen Nachweis zu erbringen.

XAFS (X-Ray Absorption Fine Structure) ist ein Verfahren, das mittels Synchrotron (Röntgen-) Strahlung ein größeres Volumen eines Materials untersuchen kann. Es kombiniert somit eine gute statistische Sicherheit mit der hohen Nachweisempfindlichkeit durch die kohärente Synchrotron-Strahlung. Die Versuche wurden an der European Synchrotron Radiation Facility (ESRF) in Grenoble an Beamline BM (bending magnet) 26A durchgeführt. Dabei wird der einfallende Röntgenstrahl aus einem Ablenkmagneten durch einen Monochromator geleitet. Damit lässt sich die gewünschte Strahlenergie einstellen. Mit dem Versuchsaufbau kann im Fluoreszenz- und Durchstrahlungsmodus gemessen werden. Im Durchstrahlungsmodus geschieht die Messung über einen Multi-Element Germanium Detektor. In dieser Einstellung wurden die Referenz und Kalibrierungsmessungen mit Yttrium-Folie durchgeführt. Die mechanisch legierten Pulver wurden anschließend im Transmissionsmodus über zwei Ionisationskammern gemessen. Alle Messungen wurden an der Yttrium K-Kante (17.038 keV) bei Raumtemperatur durchgeführt. Es wurden jeweils zwischen 5 und 10 Scans aufgenommen und gemittelt, um statistisch gesicherte Ergebnisse zu erhalten [11].

Während der Vorbereitung für die Versuche wurden mechanisch legierte Pulver vom Typ der Legierung Nr. 3 (siehe Tabelle 3.2) in einer Handschuhbox in Glas-Ampullen eingefüllt und evakuiert. Anschließend wurden sie bei 800, 1000 und 1100°C für 2 Stunden geglüht. Aus diesen Pulvern wurden runde Pellets mit einer hydraulischen Handpresse hergestellt. Die Probenübersicht ist in Tabelle 3.6 dargestellt. Die Probe 1b konnte leider nicht gemessen werden. Untersuchungen zeigten jedoch, dass sich bei einer Wärmebehandlung des Pulvers bei 800°C keine Änderungen im Zustand des Y_2O_3 ergeben. Die Probe 2 wird im Folgenden auch als Referenz für 80 Stunden Mahldauer verwendet.

Die Datenaufbereitung wurde in mehreren Schritten mit der Software WINXAS durchgeführt [52]. Die Rohdaten werden dabei zunächst nach folgendem Schema aufbereitet:

- Konvertierung in ein $\mu(E)$ Spektrum

- Hintergrund Subtraktion
  Eine lineare Funktion und ein Polynom 2. Ordnung wurden benutzt, um die pre-Edge und post-Edge Bereiche zu fitten.

- Normalisieren
  Die Schwellenwert-Energie E_0 wurde über das Maximum der 1. Ableitung von $\mu(E)$ bestimmt.

- Transformation vom Energie-Raum in den Wellen-Vektor k-Raum
  Folgende Formel wurde benutzt:

$$k = \sqrt{\frac{2m_e(E - E_0)}{\hbar^2}} \tag{3.7}$$

mit m: Masse des Elektron, $\hbar$ Planck'sches Wirkungsquantum

Anschließend wird das Hintergrundrauschen subtrahiert, normalisiert und vom Energie-Raum in den Wellen-Vektor (k) Raum konvertiert. Nun wird eine Fourier-Transformation, ein Spline fit, Filterung und ein Fitting durchgeführt.

$$\chi(k) = \sum_j \frac{N_j S_0^2 F_j(k) e^{-2k^2 \sigma_j^2}}{kR_j^2} \sin[2kR_j + \delta_j(k)] \tag{3.8}$$

[53] mit $F_j(k)$: Rückstreuungs-Amplitude (elementspezifisch)

Proben-Nr.	Mahldauer	Wärmebehandlung
1	24	-
(1b)	80	-*
2	80	1 Stunde / 800°C
3	80	1 Stunde / 1000°C
4	80	1 Stunde / 1100°C

*Referenz-Probe nicht vorhanden / Daten wurden nicht gemessen

Tabelle 3.6.: Untersuchte Proben der XAFS Experimente

3.3.3. Präparation von mechanisch legierten Pulvern für die Elektronenmikroskopie mittels Mikrotomie Dünnschnitten

Die Analyse der äußeren Beschaffenheit der Pulverpartikel lässt sich einfach im Raster-Elektronenmikroskop durchführen. Hierzu werden die Einzel-probenhalter des Mikroskops mit leitfähigen Graphit-Punkten beklebt. An-schließend werden die Probenhalter in das lose Pulver gedrückt, so dass eine Schicht Pulverpartikel daran haftet (Abbildung 3.14). Untersuchungen zur Morphologie und (beschränkte) chemische Analysen lassen sich so schnell durchführen.

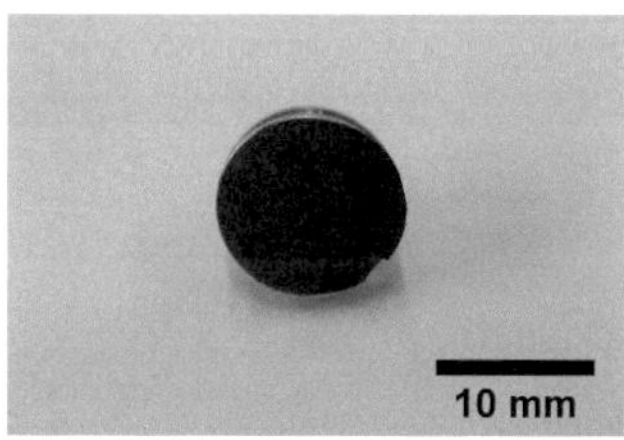

Bild 3.14.: REM Probenträger mit anhaftendem, mechanisch-legiertem Pulver

Die Präparation der Pulver zur Untersuchung am Transmissionselektronen-mikroskop (TEM) gestaltet sich wesentlich schwieriger. Zum einen sind selbst die kleinsten Partikel nicht elektronentransparent und zum anderen würden die in dem ferro-magnetischen Pulver auftretenden magnetischen

Momente durch den Elektronenstrahl die Probe in der Vakuumsäule des Mikroskops verteilen. In dieser Arbeit wurde deshalb ein neuer Ansatz entwickelt, um mechanisch legierte Pulver zu präparieren.

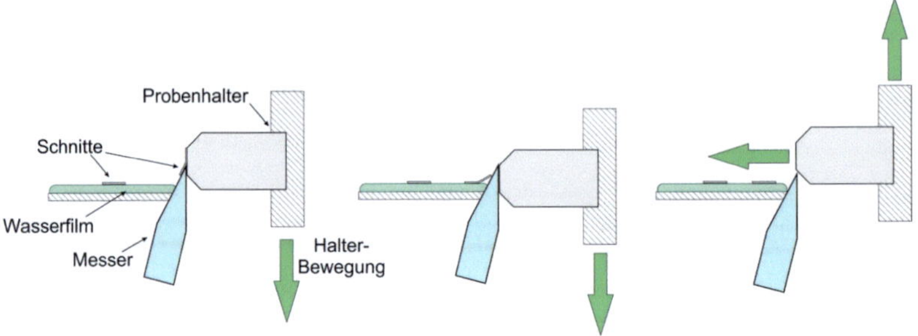

Bild 3.15.: Prinzip der Mikrotomie zur Herstellung von Dünnschnitten aus eingebetteten Pulverpartikeln

Die *Mikrotomie* ist eine aus der Biologie stammende, etablierte Methode zur Herstellung von Dünnschnitten bei Zellen und anderen organischen Präparaten. Es lassen sich so Schnitte mit Dicken von wenigen Nanometern (50-140 nm) erzeugen. Die Proben werden hierbei mit einer feinen Diamantklinge getrennt und auf einem Wasserfilm abgelegt. Die Funktionsweise ist in Abbildung 3.15 dargestellt. Mikrotomie ist grundsätzlich kein sehr gutes Verfahren für die TEM-Präparation, da die Schnitte Beschädigungen und Deformationen an den zu untersuchenden Proben hervorrufen. Auf Grund der Tatsache, dass es sich bei den mechanisch legierten Pulvern um hochgradig deformiertes und defektbehaftetes Material handelt, kann dieser Aspekt hier vernachlässigt werden.

Die Präparation gliedert sich in mehrere Teilschritte:

Einbetten der Pulver

Die Pulver werden in kleine TEM-Kapseln aus Kunststoff mit lichthärtendem Epoxidharz eingefüllt und mit UV-Licht rasch ausgehärtet. Bei diesem Schritt ist es wichtig, dass die Partikel homogen in der Einbettmasse verteilt sind (Abb. 3.16). Ein Absetzen und Agglomerieren am Boden der Kapsel ist unbedingt zu vermeiden, da die Diamantklinge sonst keine sauberen Schnitte erzeugt. Durch mehrmaliges Drehen der Einbettkapsel während der Polymerisation der Einbettmasse kann dies sichergestellt werden.

Trimmen der Kapselspitzen

Um definierte Schnitte zu erzeugen, müssen die Kapselspitzen mittels einer Mikrofräse auf eine quadratische Form mit einer Kantenlänge von 0,1 mm getrimmt werden. Hier muss mit dem integrierten Mikroskop und Raster bereits der Bereich bestimmt werden, der später im Mikrotom geschnitten wird.

Erzeugen der Dünnschnitte mit dem Mikrotom

Die getrimmten Kapseln werden in den Probenhalter des Mikrotoms eingespannt und mit gleichmäßiger Bewegung an der Diamantklinge entlang geführt. Dabei werden die Stahlpartikel von der Klinge vollständig durchtrennt. Die so entstehenden Schnitte haben eine Dicke von ca. 120 nm und können vom Wasserfilm mit einem Sieb abgefischt werden. Sie werden dann auf einem TEM-Netz aus Kupfer (Abb. 3.17) gesammelt und können nach dem Trocknen im TEM betrachtet werden.

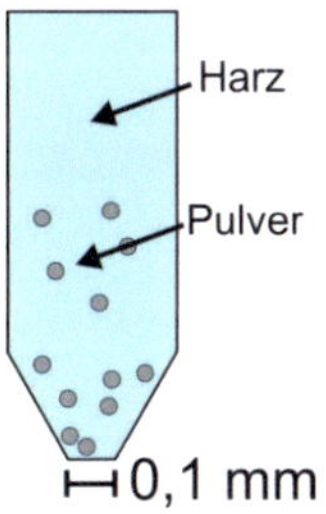

Bild 3.16.: Schema einer Kapsel mit in Epoxidharz eingebetteten Pulverpartikeln

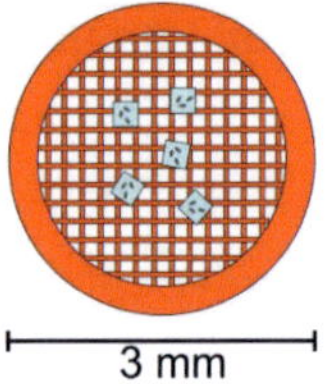

Bild 3.17.: Mikrotom-Dünnschnitte auf einem TEM-Netz aus Kupfer

Die Methode konnte im Rahmen der Arbeit so weit verfeinert werden, dass Elementmapping mittels energiedispersiver Röntgenspektroskopie (EDX) und high-angle annular dark-field (HAADF) Aufnahmen an den Partikeln möglich sind. Für detaillierte Strukturanalysen oder hochauflösende Elektronenmikroskopie reicht die Schnittqualität und Dicke der Proben jedoch nicht aus.

3.4. Elektronenmikroskopie

Jede Methode der Elektronenmikroskopie stellt individuelle und teilweise hohe Ansprüche an die Probenvorbereitung. Elektrische Leitfähigkeit, hohe Oberflächengüte und geringe Dicke sind nur einige dieser Anforderungen. Die in dieser Arbeit verwendeten Probenpräparationen werden nun erläutert. Eine grundlegende Schwierigkeit für die Elektronenmikroskopie besteht in den ferro-magnetischen Eigenschaften der Grundlegierung Fe-13Cr-1W-0.3Ti und den damit verbundenen magnetischen Momenten, die durch den Elektronenstrahl hervorgerufen werden. Das (magnetische) Probeninventar in der unmittelbaren Nähe des Strahls sollte dabei so gering wie möglich gehalten werden um hochauflösende Aufnahmen zu ermöglichen.

3.4.1. TEM Probenvorbereitung

Transmissionselektronenmikroskopie stellt besonders hohe Anforderungen an die Probenbeschaffenheit. Um Elektronentransparenz und damit gute Aufnahmen zu garantieren, müssen diese extrem dünn sein ($<$ 20 nm). Mittels der Tenupol-Präparation können solche Dicken sehr gut realisiert werden. Aus rechteckigen Probenstücken (z. B. Hälften von Kerbschlag-Proben) werden zunächst mit einer automatisierten ATM Brilland 221 Feinsäge 100-150 μm dünne Plättchen abgetrennt (Abb. 3.18(1)). Aus diesen dünnen Schnitten können dann mit einer Stanze 3 mm Scheiben ausgelocht werden (Abb. 3.18(2)). Diese werden dann im Tenupol-Gerät von oben und unten mit einem Gemisch aus Methanol und Schwefelsäure elektrolytisch geätzt und gedünnt. Der Ätzangriff findet dabei idealerweise trichterförmig in der Mitte der Probe statt (Abb. 3.18(3)). Es wird so lange geätzt bis ein Loch entsteht, dessen Durchmesser einen bestimmten voreingestellten Wert erreicht (Lichtstoppwert). Der Randbereich des Loches ist dann ausreichend dünn um ihn im TEM zu betrachten (Abb. 3.18(4)). In Tabelle 3.7 sind die verwendeten Parameter und Chemikalien aufgelistet.

3.4.2. Electron Backscatter Diffraction - EBSD

Untersuchungen mit Electron Backscatter Diffraction stellen hohe Anforderungen an die Oberflächengüte der Proben. Schon feine Kratzer können die automatische Indizierung der Kikuchi-Muster stören. Die Proben wurden zunächst mit Drahterosion aus dem Kapselinneren geschnitten, und anschließend geschliffen und poliert. Sie wurden dann in das Struers Polyfast Warmeinbettmittel eingebettet, um automatische Schleif- und Poliermaschinen nutzen zu können. Diese Einbettmasse enthält Graphitpartikel als Füllstoff und ist somit elektrisch leitend und für Elektronenmikroskopieaufnahmen

Elektrolyt	Spannung [V]	Flussrate	Licht- stoppwert	Stromstärke [mA]
80 % CH_3OH + 20% H_2SO_4	13	12	50	ca. 110

Tabelle 3.7.: Parameter der TEM Probenpräparation mittels Tenupol

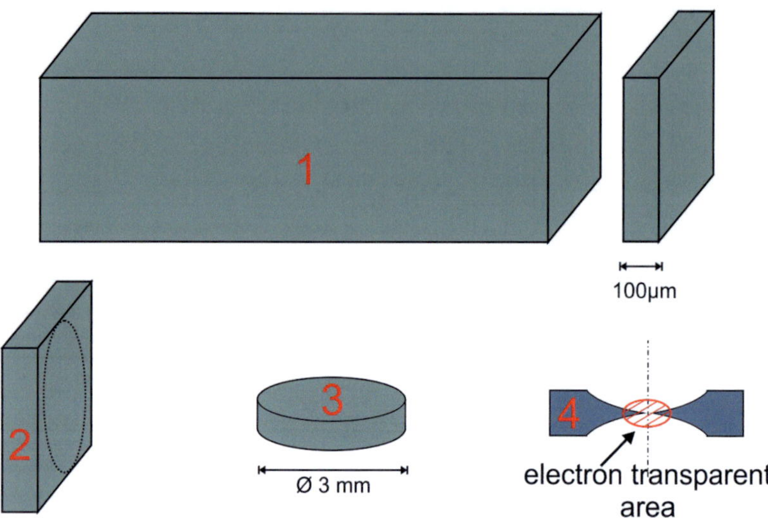

Bild 3.18.: TEM-Probenpräparation mittels Tenupol-Elektropolitur

geeignet. Die Präparation erfolgte dabei zunächst jeweils 2 Minuten auf Schleifpapier der Körnung 800, 1000 und 2000. Anschließend wurde mit Diamantsuspension und Polierscheibe von 6 μm und 3 μm Partikelgröße jeweils 3 Minuten poliert. Eine abschließende Behandlung für eine 1 Minute mit einer OP-S Suspension aus kolloidalem Siliziumkarbid (Partikelgröße 0,04 μm) und Wasser auf einem Poliertuch erzeugte eine Oberfläche mit sehr hoher Güte. Das vollständige Schleif- und Polierschema ist in Tabelle 3.8 dargestellt.

Die Untersuchungen wurden an einem Jeol JSM 6500F Rasterelektronenmikroskop mit Feldemissionskathode (FEG) durchgeführt. Diese Art der Strahlerzeugung bietet helle Brillanz des Elektronenstrahls und erlaubt eine hohe räumliche Auflösung durch die feine Fokussierung. Um kontrastreiche Beugungsmuster zu erzeugen, ist die Menge an auftreffenden Elektronen auf die Probenoberfläche zu maximieren. Daher wurden 20 kV Beschleunigungsspannung mit einem Probenstrom von ~10 nA verwendet. Die Probe

Schleifpapier / Poliertuch	Zeit [min]	Probenandruck [N]	Drehzahl [U/min]
800 (Papier)	2	150	300
1000 (Papier)	2	150	300
2000 (Papier)	2	150	300
6μm (Tuch)	3	180	150
9μm (Tuch)	3	180	150
OP-S (Tuch)	1	120	150

Tabelle 3.8.: Probenpräparation für EBSD und FIB

wurde um 70° zur Strahlausbreitung gekippt, um die Kikuchi Muster mit einem Leuchtschirm und einer CCD Kamera aufzunehmen. Das EBSD System und die zugehörige Software stammt von der Firma EDAX. Die Aufzeichnung der Muster geschieht mit der Software OIM Data Collection 5.3. Die Verstärkung und der Schwarzwert der Kamera wurden auf Null gesetzt, um mit einer größeren Belichtungszeit und 4x4 Binning das Signal-zu-Rauschen-Verhältnis zu maximieren.

Für die Messung wurde eine Fläche von 100 μm mal 500 μm mit einer Schrittweite von 80 nm abgetastet. Daraus ergibt sich eine Größe von ca. 780.000 Punkten für eine einzelne EBSD Messung. Die Größe der vorliegenden Maps erlaubt es, sehr gute Aussagen über die Orientierung vieler einzelner Körner und Korngebiete zu treffen und eine eventuell vorhandene bi-modale Struktur gut abzubilden. Ein weiterer Vorteil besteht in der Berechnung von (Mikro-) Texturen mit hoher Genauigkeit und geringer Streuung. Diese lassen dann auch Aussagen über die Makro-Textur des Materials zu.

Die Auswertungen wurden mit der Software OIM Data Analysis Version 6.1 durchgeführt. Die Rohdaten wurden zunächst mittels des Grain Dillation Algorithmus von groben Fehlindizierungen bereinigt. Als Mindestgröße für ein erkanntes Korn wurden dabei 2 Pixel gewählt. Dies ergibt mit der gewählten Schrittweiter (80 nm) eine minimale Korngröße von 160 nm. Falsch indizierte Partikel innerhalb von erkannten Körnern konnten so richtig zugeordnet werden. Die Fehlindizierungsrate war für alle Messungen niedrig, da der Grain Dillation Algorithmus nur ca. 5 % der Punkte erfasste und korrigierte.

In den EBSD IPF-Maps mit eingezeichneten Korngrenzen entsprechen schwarze Linien einer Großwinkelkorngrenze mit Abweichungen der benachbarten Messpunkte zwischen 15° und 180°. Entsprechend werden Abweichungen zwischen 5° und 15° als Kleinwinkelkorngrenzen angenommen (weiße Linien).

Die Inversen Polfiguren Darstellungen (IPF Maps) sind, falls nicht anders angeben, in RD (rolling direction) ausgewertet. Ein entsprechender Pfeil kennzeichnet jeweils die Walzrichtung. Texturdaten wurden immer in <001>, <110> und <111> Richtung berechnet.

3.4.3. Focused Ion Beam - FIB

Die Probenpräparation für die Aufnahmen mit dem Focused Ion Beam (FIB) wurde, wie bereits in Kapitel 3.4.2 beschrieben, durchgeführt. Es wurden ein Zeiss NVision sowie ein FEI FIB200 Gerät verwendet um die Oberfläche der Proben mit Ion-Channeling-Contrast-Imaging (ICCI) abzubilden. Beide Geräte verwenden eine Ga^+ Flüssigmetall-Ionenquelle.

Zunächst wurde eine Fläche von ca. 200 μm mal 170 μm mit 3 nA Strahlstromstärke für 60 Sekunden gescannt. Dabei wurden Oberflächenkontaminationen abgetragen und die Kornstruktur im Channeling-Kontrast sichtbar. Die im Rahmen dieser Arbeit verwendeten Aufnahmen wurden mit 300 pA Strahlstromstärke aufgenommen. Diese Einstellungen erlaubten es, die Kornstruktur der verschiedenen Legierungen zu beobachten ohne vorher Oberflächenbehandlungen wie z. B. Ätzen durchgeführt zu haben.

Durch die Umformprozesse ist es auch bei FIB Aufnahmen wichtig, die Walz- bzw. Extrusionsrichtung zu markieren. Falls nicht in der Textbeschreibung angegeben, werden sie mit den Pfeilen RD (rolling-direction:

Walzrichtung) und ED (extrusion-direction: Extrusionsrichtung) gekennzeichnet.

3.5. Korrosionsversuche an Luft

Die Legierungen Nr. 9 bis 11 und Nr. 8 (als Referenz) (siehe Tabelle 3.2) wurden mit einem Netzsch STA 409 C untersucht. Dieses Gerät besitzt eine temperierbare Probenkammer, die mit verschiedenen Gasen durchströmt werden kann. Gleichzeitig werden Gewichtszu- und -abnahme mit einer Thermowaage registriert. Die Proben wurden für 70 Stunden in einer Atmosphäre aus einem Gemisch von synthetischer Luft und Argon bei 800°C wärmebehandelt. Dazu wurden aus dem Kapselinneren rechteckige Proben mit den Abmessungen von ca. 10 x 10 x 4 mm ausgesägt.
Während des Versuchs wurde die Gewichtsab- und -zunahme mit der Thermowaage in Abständen von 0.03 min gemessen. So wurden pro Versuch ca. 60.000 Messwerte aufgenommen. Die Daten wurden anschließend mit dem Programm Origin Version 8 ausgewertet und geplottet.

4. Ergebnisse und Diskussion

4.1. Ferritische ODS-Referenzlegierungen

Der erste Abschnitt der Versuche beschäftigt sich mit der Referenzlegierung vom Typ Fe-13Cr-1W-0.3Ti + Y_2O_3. Der Schwerpunkt der Experimente liegt dabei auf den Untersuchungen der verschiedenen Stufen des Herstellungsprozesses und der Mikrostrukturentwicklung in Abhängigkeit der thermo-mechanischen Nachbehandlung.

4.1.1. Validierung des Herstellungsprozesses

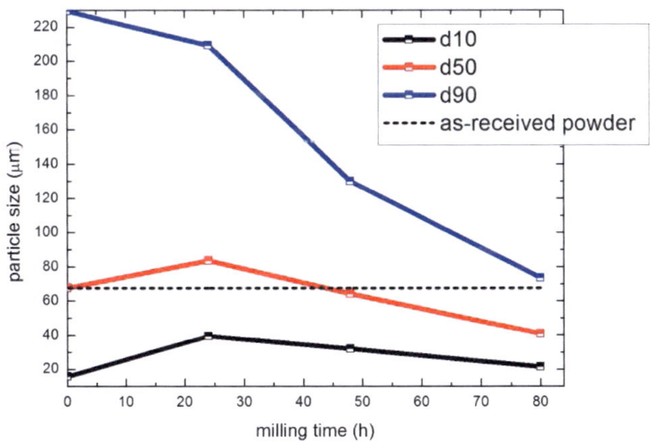

Bild 4.1.: Pulver-Partikelgrößenverteilung nach verschiedenen Mahldauern

TEM Untersuchungen

Die Parametervariation der Legierungen Y-24, Y-48 sowie Y-80 (siehe Tabelle 3.2) wurde durchgeführt, um den Prozess des mechanischen Legierens näher zu untersuchen. Bild 4.1 zeigt den Einfluss der Mahldauer auf die Partikelgröße des Pulvers. Nach 24 Stunden ist zunächst eine Zunahme der mittleren Partikelgröße (d_{50}) zu erkennen. Die Partikelgröße nimmt mit zunehmender Prozessdauer jedoch wieder ab. Unabhängig davon wird das Streuband der Partikelgröße (Abstand d_{10}, d_{90}, siehe Abb. 4.1) schon nach 24 Stunden kleiner. Es erreicht nach 80 Stunden Mahldauer sein Minimum. Eine homogene Verteilung der Größe ist für den weiteren Herstellungsprozess gewünscht, da die Fülldichte der Stahlkapseln zum HIPpen davon abhängt und ein höherer Füllgrad erreicht werden kann. Nur so kann gewährleistet werden, dass sich die Kapseln nicht zu stark verformen und es dadurch zu Rissen kommt.

Im Anlieferungszustand haben die Pulverpartikel zunächst eine Kugelform, wie in Bild 4.2 deutlich zu sehen ist. Die Bilder des REM zeigen auch, dass Form und Größe der Pulver sich mit zunehmender Prozessdauer verändern. Große Partikel, die die Form von Flakes haben, sind nach 24 und 48 Stunden noch zu sehen. Nach 80 Stunden hat sich die Morphologie deutlich zu einem homogenen, sehr feinen Pulver entwickelt (Abb. 4.3).

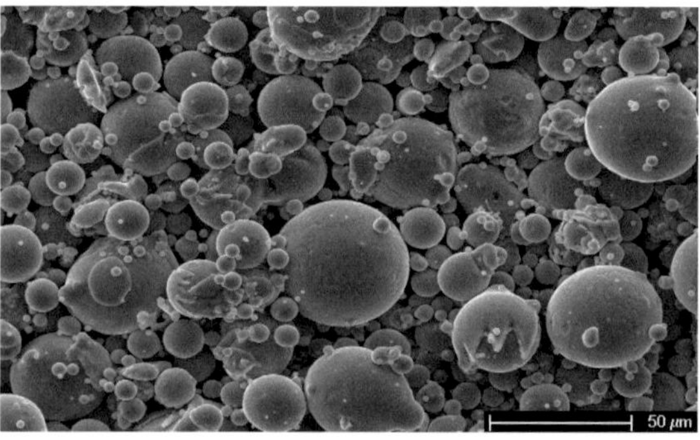

Bild 4.2.: REM Bild des Fe-13Cr-1W-0.3Ti Pulvers vor dem mechanischen Legieren

Das Ziel des mechanischen Legierens ist die Feinverteilung und Zwangslösung des Y_2O_3 bzw. Yttriums. Dieser Vorgang geschieht außerhalb des
thermodynamischen Gleichgewichtes und ist essentiell für die Bildung von
Oxidclustern in Nanometer-Größe im gesamten Gefüge. Als einzige, zuverlässige Methode zur Detektion dieser Zwangslösung im Pulver hat sich die
Transmissionselektronenmikroskopie erwiesen. Andere Verfahren (Röntgen-
beugung, Auger-Elektronenspektroskopie, etc.) bieten entweder nicht die
notwendige Ortsauflösung oder der Anteil der Oxidpartikel von 0.3 Gew.%
liegt außerhalb der Nachweisgrenzen.

Bild 4.3.: REM Bild der Pulver nach verschiedenen Mahldauern

Zunächst galt es die Pulver für TEM vorzubereiten, was angesichts der ferro-
magnetischen Eigenschaften kein triviales Problem ist. Die Zielpräparation
von TEM-Lamellen mit einem Focused Ion Beam ist sehr zeitintensiv und
auf Grund der hochgradig deformierten Struktur der Pulverpartikel mit
einer hohen Ausschussquote verbunden. Die hier verwendete Methode der
Mikrotomie wurde bereits im Abschnitt 3.3.3 beschrieben.

Im HAADF (Abb. 4.4 links) ist das umgebende Epoxidharz nicht zu sehen, da es auf Grund der wesentlich geringeren Atomdichte und damit des
verbundenen z-Kontrastes schwarz erscheint. Die Untersuchungen mit EDX-
Mappings zeigten in den Pulverpartikeln der Y-24 Charge (Bild 4.4), dass
keine homogene Verteilung von Yttrium vorliegt. Einzelne Anreicherungen
befinden sich bei allen untersuchten Proben am Rande und weisen einen
Durchmesser von ca. 50 nm auf. Detaillierte Spot-Analysen zeigten, dass es
sich dabei um Bereiche mit hoher Yttrium-Konzentration und einer wesentlich niedrigeren Dichte an Eisen-Atomen handelt. Sehr feine Scans bei noch
höheren Vergrößerungen im Inneren der Partikel (Bild 4.5) zeigten solche
Anreicherungen nicht. Nach 48 und 80 Stunden Mahldauer konnten keine
derartigen Bereiche mehr detektiert werden. Die untersuchten Elemente
waren im Gefüge homogen verteilt (Bild 4.6).

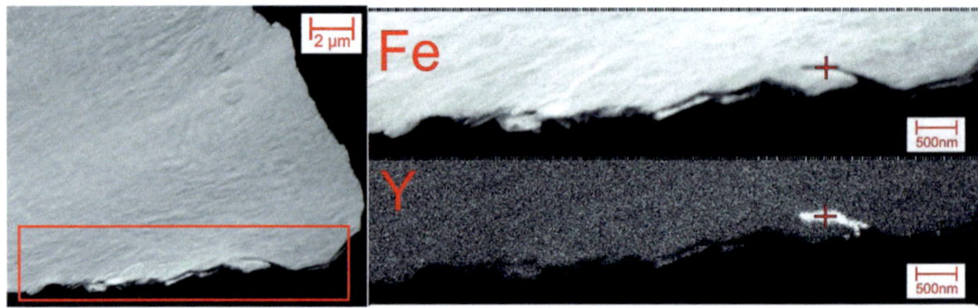

Bild 4.4.: EDX Untersuchung an Pulverpartikeln der Legierung Y-24

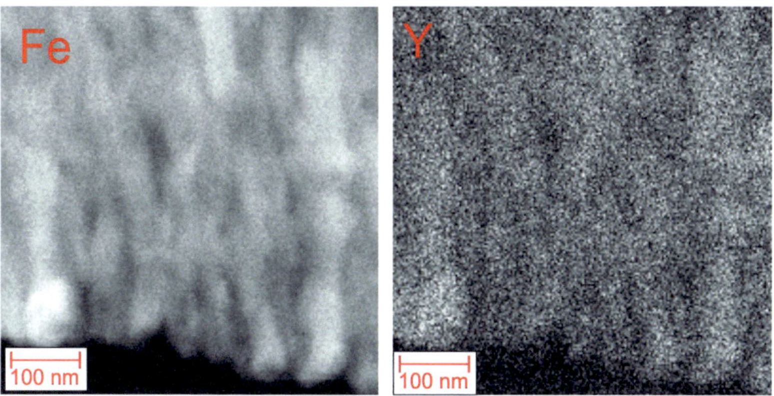

Bild 4.5.: Sehr fein aufgelöster EDX Scan eines Pulverpartikels der Legierung Y-80

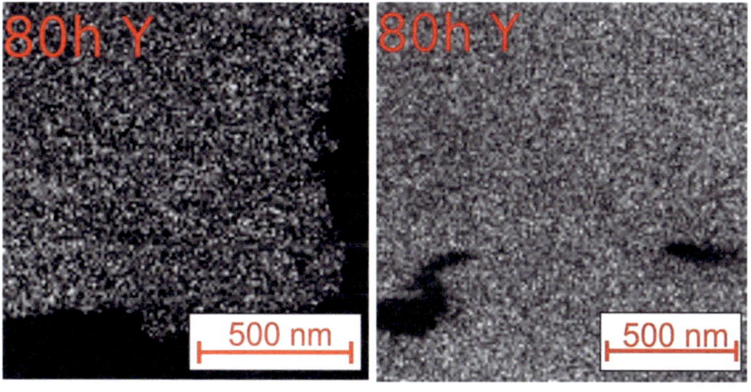

Bild 4.6.: EDX Untersuchung an Pulverpartikeln der Legierung Y-80

XAFS Versuche

Zur weiteren Validierung des Herstellungsprozesses wurden XAFS Versuche durchgeführt. Der Fokus des XAFS Experiments liegt dabei auf der Y K-Kante, da Yttrium an der Bildung der nano-skaligen Partikel am stärksten beteiligt ist. Zudem überschneidet sich die Absorptions-Kante (Y: 17.038 keV) mit keinem anderen im Stahl enthaltenen Element (Fe:

7.112 keV; Cr: 5.989 keV; W: 69.525 keV; Ti: 4.996 keV [54]) und erlaubt so verlässliche Aussagen. Die K-Kante, die in Abb. 4.7 mit A markiert ist, reagiert sensibel auf Veränderungen des Oxidationszustandes von Yttrium. Höhere Valenzen des Absorptionselementes bewirken gewöhnlich eine Verschiebung der Kante zu höheren Energien. Das normalisierte XANES Spektrum ist für die beiden untersuchten Referenzproben Yttrium-Folie und Y_2O_3 sowie für eine Pulverprobe nach 24 Stunden in Abb. 4.7 dargestellt. Das Spektrum von Y_2O_3 beinhaltet 2 Peaks (B und C), die sich im Gegensatz zu reinem Yttrium zu höheren Energien verschoben haben. Die Tatsache, dass die Energie des gemessenen Spektrums der Pulverprobe zwischen den beiden anderen Kurven liegt, deutet auf eine Veränderung des zugesetzten Y_2O_3 während des mechanischen Legierens hin. Der verschmierte Peak C deutet auf eine Struktur mit geringerer Nahordnung hin [55]. Die in der Legierung enthaltenen Atome befinden sich nach 24 Stunden also in einem Stadium zwischen vollständiger Lösung (metallisches Yttrium) und oxidierter Form (Y_2O_3). Um das Verhältnis zwischen diesen beiden Zuständen zu bestimmen wurde eine Linearkombination der normalisierten XANES Spektren (Yttrium-Folie, Y_2O_3, Pulver) durchgeführt. Die Ergebnisse dieses Fit erlauben das Verhältnis $Y_{gelöst}$ / Y_{Gesamt} zu bestimmen (Abb. 4.7). Dieser Anteil liegt nach 24 Stunden bei nur 13.7%, nach 80 Stunden steigt dieser Wert auf 99,8% (Tabelle 4.1, Bild 4.9). Nach weiteren Wärmebehandlungen bei höheren Temperaturen fällt dieser Wert leicht, bis er bei der 1100°C-Probe schließlich sein Minimum erreicht (Bild 4.8). In diesem Pulver ist also kein gelöstes Yttrium mehr vorhanden, die Bildung der Oxidteilchen ist abgeschlossen.

Probe	24h gemahlen	800°C 1 h	1000°C 1 h	1100°C 1 h
%	13,7	99,9	97,6	0

Tabelle 4.1.: $Y_{gelöst}$ / Y_{Gesamt} Verhältnis berechnet aus XANES Spektren

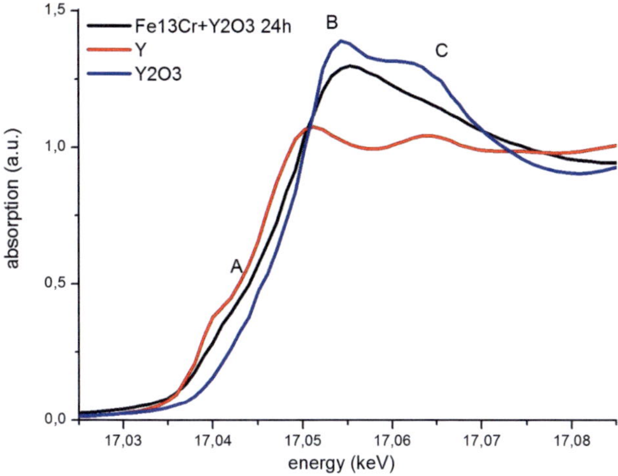

Bild 4.7.: Linearer Fit des XANES Spektrums einer Pulverprobe nach 24 Stunden mechanischen Legierens

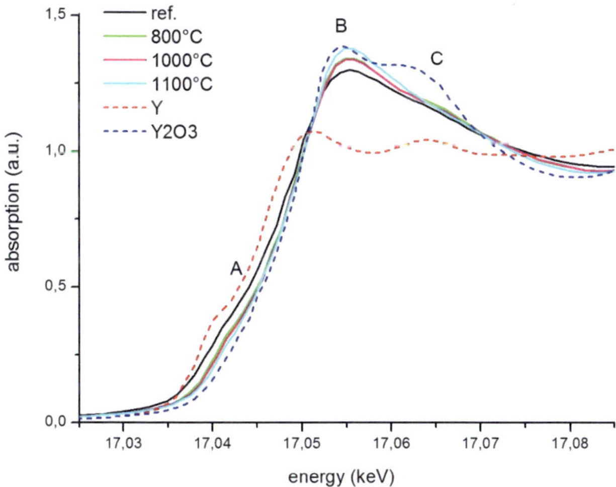

Bild 4.8.: Linearer Fit des XANES Spektrums einer Pulverprobe nach verschiedenen Wärmebehandlungen

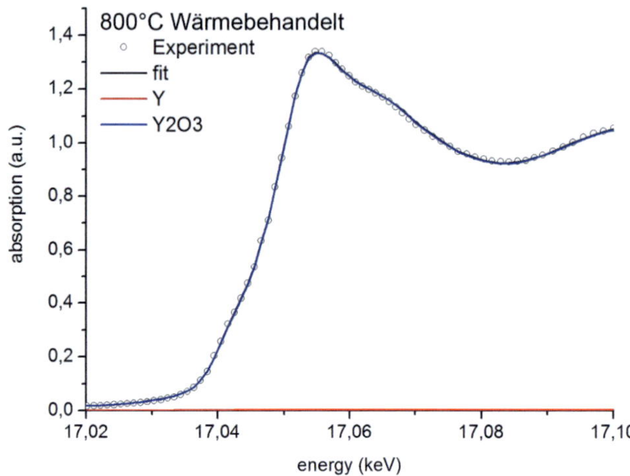

Bild 4.9.: Linearer Fit des XANES Spektrums einer Pulverprobe nach 800°C Wärmebehandlung (Y_2O_3 komplett gelöst)

In Abbildung 4.10 ist das Fourier-Transformierte (FT) Spektrum der Referenzproben Yttrium-Folie und Y_2O_3- Pulver zu sehen. Bei der Kurve des Y_2O_3 liegen die beiden Peaks für die Y-O und Y-Y Koordinationsschalen beim Nächsten-Nachbar Abstand von 2.27 Å bzw. 3.52 Å. Betrachtet man reines metallisches Yttrium, so ist der Y-Y Abstand um die Länge ΔR größer (siehe Abb. 4.10). Mit diesem Unterschied des Abstandes kann der Bindungszustand, in dem Yttrium vorliegt, bestimmt werden. Das 24 Stunden legierte Pulver weist deutliche Ähnlichkeiten mit den Peaks des Y_2O_3 auf. Die Höhe der Peaks ist jedoch wesentlich kleiner. Das deutet auf eine größere Unordnung und Verzerrung hin, die sich durch die Deformationen während des Mahlprozesses erklären lassen. Der kleine Anteil an gelöstem Yttrium lässt sich im Spektrum nicht erkennen, da er mit dem Y-Y Peak des Y_2O_3 überlappt. Die Höhe dieses Peaks lässt Rückschlüsse auf den Bindungszustand von Yttrium zu. Je größer er ausfällt, desto mehr Atome befinden sich in diesem Zustand.

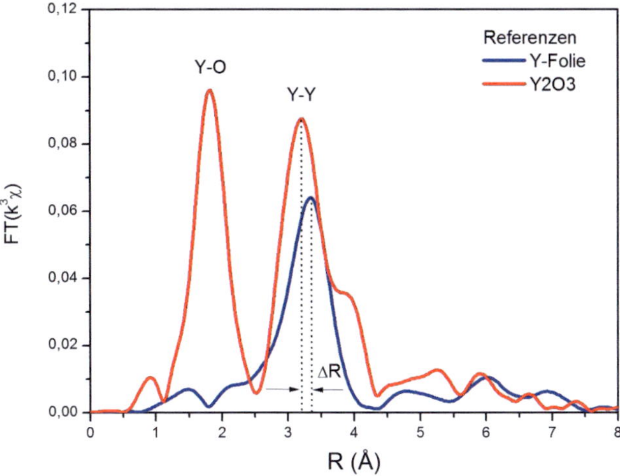

Bild 4.10.: Referenzspektren der metallischen Yttrium-Folie und des Y_2O_3-Pulvers

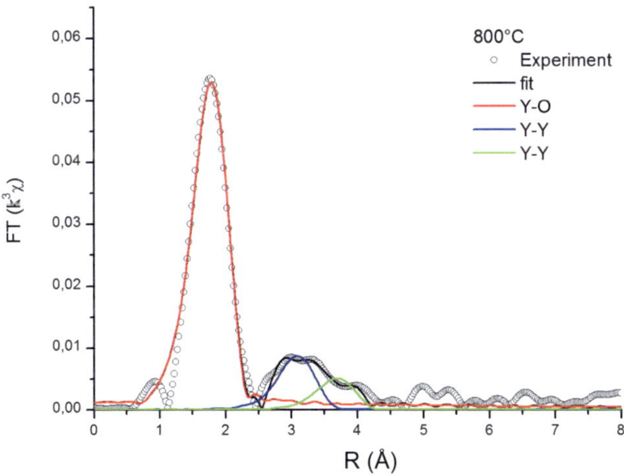

Bild 4.11.: Fourier-transformiertes XAFS Spektrum, 800°C Probe

Das Ausscheiden der Oxidpartikel im Material findet erst bei höheren Temperaturen statt. Ausgehend von diesen Annahmen muss mit zunehmender

Temperatur der Wärmebehandlung die Peakhöhe zunehmen. Das ist in den Bildern 4.11, 4.12 und 4.13 auch zu sehen. Eine Kristallisation, bzw. Umordnung des Yttriums im Material hat also stattgefunden.

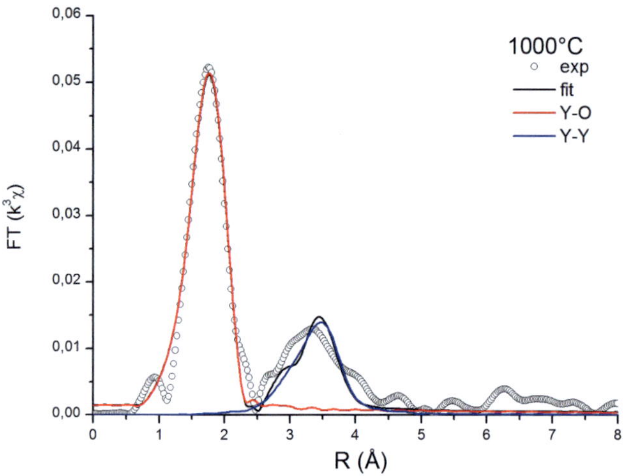

Bild 4.12.: Fourier-transformiertes XAFS Spektrum, 1000°C Probe

Beim Versuch die experimentellen Ergebnisse bei 1100°C-Pulver mit Y_2O_3 zu fitten, wird die Y-Y Koordinationsschale mit ca. 3.4Å bestimmt. Dieser Wert ist kleiner als in der Literatur (Tabelle 4.2) angegeben. Das deutet auf einen anderen Oxidationszustand hin. Aus der Tabelle kann entnommen werden, dass der Wert fast exakt dem Nächsten-Nachbar Abstand von Y_2TiO_5 entspricht (3.45Å). Dies entspricht auch der Vermutung, dass sich in ODS Legierungen nicht reine Y_2O_3 Ausscheidungen bilden, sondern Yttrium-Titan Komplexoxide vorliegen.

Verbindung	1. Schale	2. Schale	3. Schale	Kristallstruktur
Y_2O_3 [56]	6 O (2.28Å)	6 Y (3.52Å)	6 Y (4.00Å)	kubisch
Y_2TiO_5 [57]	7 O (2.34Å)	4 Ti (3.54Å) 4 Ti (3.45Å)	6 Y (3.57Å) 6 Y (3.57Å)	orthorhombisch orthorhombisch
$Y_2Ti_2O_7$ [58]	8 O (2.43Å)	6 Ti (3.57Å)	6 Y (3.57Å)	kubisch

Tabelle 4.2.: Struktur der Nächsten-Nachbarn von Yttrium im Yttrium-Sauerstoff Verbund

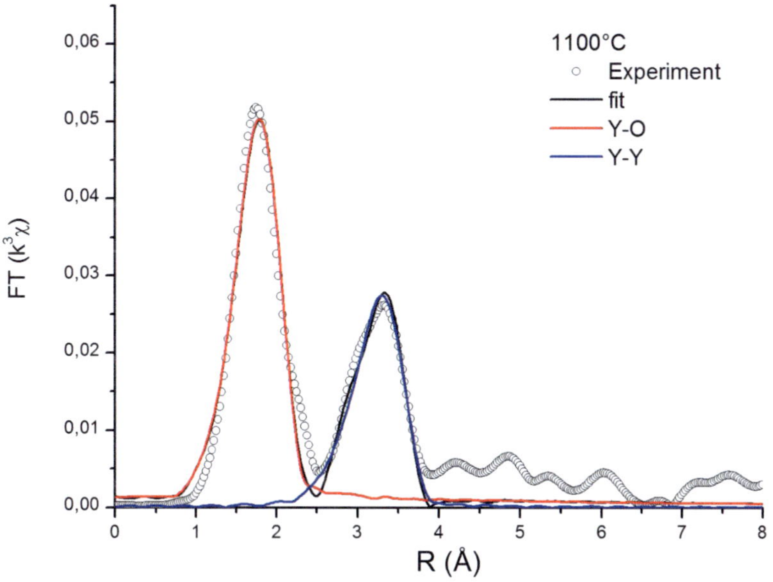

Bild 4.13.: Fourier-transformiertes XAFS Spektrum, 1100°C Probe

4.1.2. Mikrostruktur und Dispersoid Charakterisierung

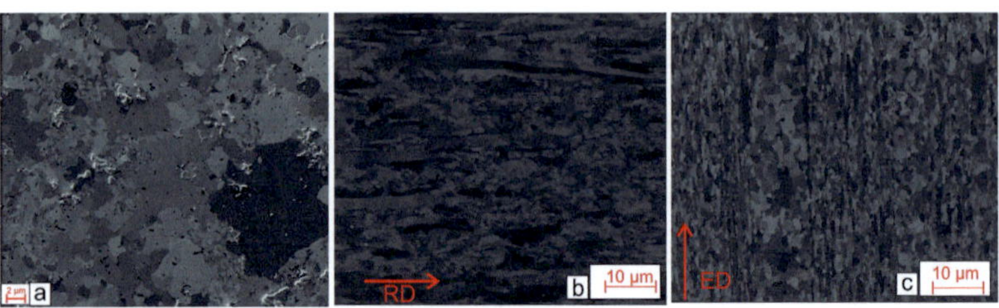

Bild 4.14.: ICC Bilder der Y_2O_3 Legierungen mit unterschiedlichen Prozeßrouten:
a) HIP, b) gewalzt und c) extrudiert

Die verschiedenen Legierungen bilden je nach Herstellungsroute sehr unterschiedliche Mikrostrukturen. Abb. 4.14 zeigt ICC Aufnahmen nach dem HIP und nach zwei verschiedenen Umformungsarten (Walzen, Extrusion) am Beispiel der Fe-13Cr-1W-0.3Ti + Y_2O_3 Legierung. In 4.14 a) lässt sich sehr gut eine bimodale Korngrößenverteilung erkennen. Vereinzelte große Körner mit Durchmessern im Bereich mehrerer Mikrometer sind von sehr vielen winzigen Körnern (mit Korngrößen unterhalb von 1 μm) umgeben. Das Aspektverhältnis ist erwartungsgemäß bei allen Körnern ähnlich, sie sind weitgehend gleichachsig. Durch Schnitte mit dem FIB (Bild 4.15) kann die drei-dimensionale Form der einzelnen Körner erfasst werden. Die gleich-

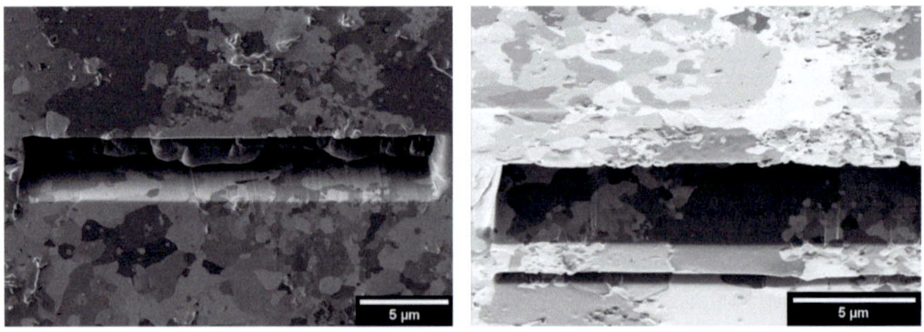

Bild 4.15.: 3D-Aufnahmen der Kornstruktur mittels FIB-Schnitten

achsige Erscheinung ist in allen Raumrichtungen und für alle Größen der Körner gleich ausgeprägt.

Die Abb. 4.14 b) zeigt das Gefüge nach dem Heißwalzen bei 1100°C. Die bereits beschriebene bimodale Kornverteilung ist hier auch sichtbar, wird jedoch von einer starken Richtungsorientierung überlagert. Die Bereiche mit großen Körnern sind langgestreckt in Walzrichtung und mehrere Mikrometer groß. Das Aspektverhältnis weist deutliche Unterschiede zwischen Länge und Höhe der Körner auf.

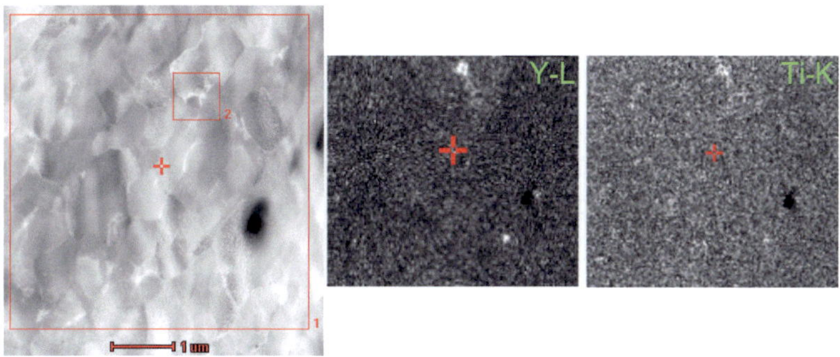

Bild 4.16.: HAADF Bild und EDX Maps der Legierung nach Extrusion

Nach der Kompaktierung durch Heiß-Extrusion bildet sich ein streifenförmiges Gefüge aus (4.14 c). In den ICC Bildern sind Bereiche mit großen und kleinen Körnern zu sehen, die jeweils in Streifen parallel zur Extrusionsrichtung durch das Gefüge laufen. Lange Körner sind hier nicht zu erkennen. Es handelt sich weitgehend um gleichachsige Körner, deren Größenverteilung jedoch auch bimodal ausgeprägt ist.

Die Oxid-Partikel konnten in den TEM-Aufnahmen gefunden werden und durch EDX-Analysen im TEM als Y-Ti-O Cluster identifiziert werden. Abb. 4.16 zeigt die Mikrostruktur der Legierung nach Extrusion mit den zugehörigen EDX-Mappings. Die hellen Bereich in den Y-L und Ti-K Bildern markieren die Oxidteilchen. In Abb. 4.17 ist die Verteilung der Partikel im Gefüge zu sehen. Die Darstellung desselben Ausschnitts in Hell- und Dunkelfeldbedingung erlaubt die genaue Lokalisierung der ODS-Partikel. Sie sind mit Pfeilen in den Abbildungen gekennzeichnet. Da die Oxidpartikel teil-kohärent ausgeschieden werden und somit einen geringen Kontrast aufweisen, wurde ein leichter Defokus für die Hell-Feld-Aufnahme verwendet.

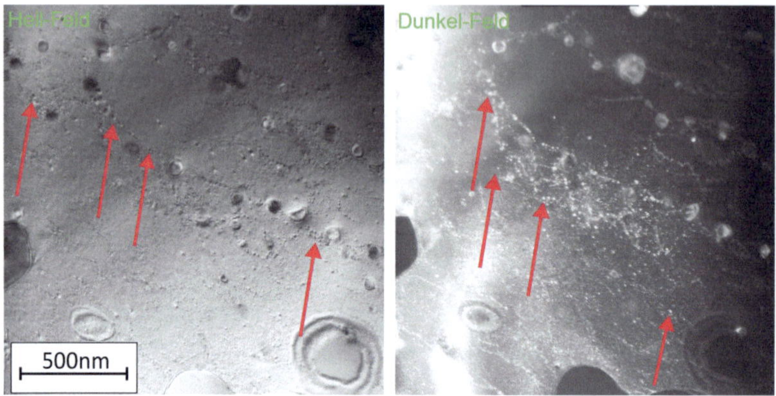

Bild 4.17.: Hell- und Dunkelfeld Aufnahmen mit Partikelverteilung der Legierung nach HIP

Die beiden thermo-mechanisch behandelten Materialien (HIP + Walzen bzw. Extrusion) wurden mit EBSD untersucht. In Abb. 4.18 sind die beiden Scans zu sehen. Als Auswertungsrichtung ist jeweils die RD bzw. EX Richtung gewählt. Man erkennt, dass es eine klare Vorzugsorientierung der Körner gibt, die den <001> und <011> Richtungen parallel zur Verformungs-Ebene entsprechen. Des Weiteren sieht man, dass sich die großen Körner in kleine Subkorn-Bereiche mit gleicher Orientierung und Kleinwinkelkorngrenzen teilen (Abb. 4.18 a)). Die Kernel Average Misorientation Map (KAM) (Bild 4.19) zeigt, dass im Bereich der kleinen Körner noch Verzerrungen und innere Spannungen im Gefüge vorhanden sind. Betrachtet man auf der rechten Seite dieser Abbildung die KAM der extrudierten Legierung, ist zu erkennen, dass weite Bereiche des Gefüges homogen sind und kaum Verzerrungen aufweisen. Die einzelnen, weißen Striche entsprechen Subkorngrenzen in-

114

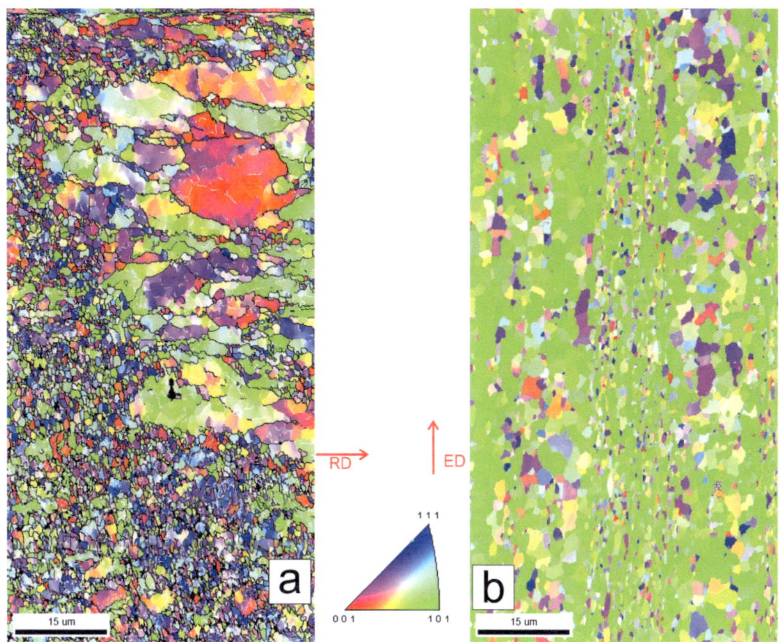

Bild 4.18.: EBSD Messung der beiden Legierungen: a) Y_2O_3 gewalzt und b) Y_2O_3 extrudiert (ausgewertet in Umformungsrichtung)

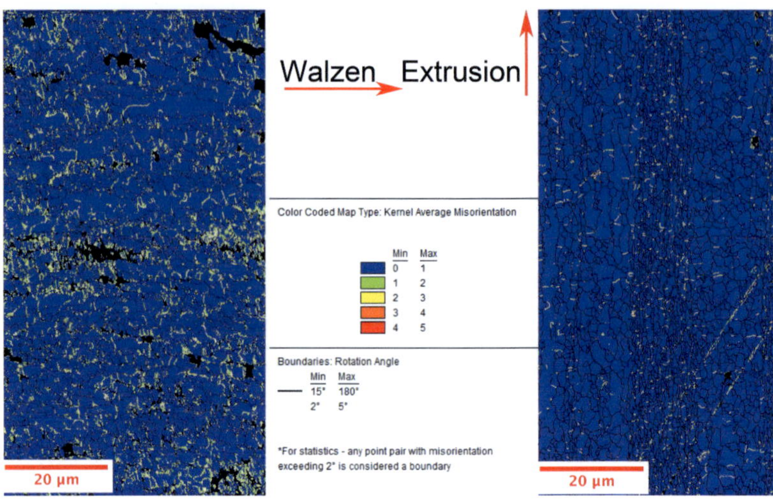

Bild 4.19.: EBSD Messung, Kernel Average Misorientation Map Legierungen Fe-13Cr-1W-0.3Ti + Y_2O_3 nach Walzen und Extrusion

nerhalb der größeren Körner. Bei den beiden parallelen Strichen im unteren Bereich des Bildes handelt es sich um Kratzer auf der Probenoberfläche. Die Abbildung mit dem Farbcode der inversen Polfigur (Abb. 4.18) kann nur einen ersten Anhaltspunkt für die Kornorientierung geben. Zur vollständigen Untersuchung der Textur dienen die Polfiguren (Abb. 4.20) und Schnitte der ODF im Eulerraum (Abb. 4.21). Sie lassen die Unterschiede der Texturen deutlicher werden.

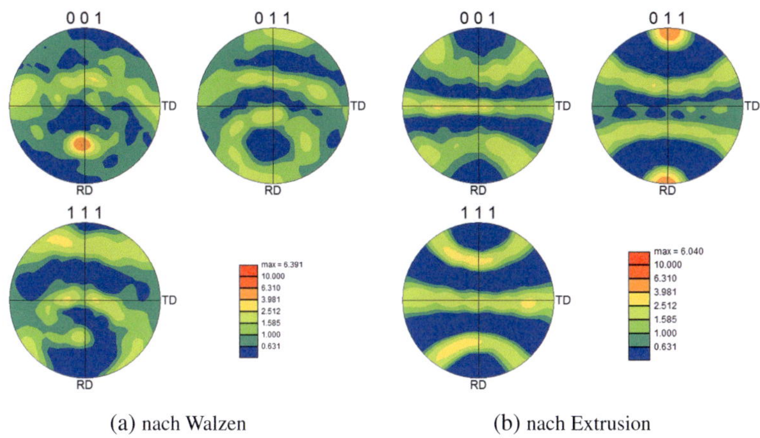

(a) nach Walzen   (b) nach Extrusion

Bild 4.20.: Pol-Figur der Textur des Materials Fe-13Cr-1W-0.3Ti + Y_2O_3

Die Textur des extrudierten Materials zeigt α-Faser Anteile mit gleich verteilter Intensität aller Komponenten am linken Rand der ODF-Darstellung in Abb. 4.21b. Die Einzelkomponenten in Euler Darstellung und Miller'schen Indizes können Tabelle 2.1 entnommen werden. Auch die γ-Faser ist mit ähnlicher Intensität und lokalen Maxima bei {111}<121> und {111}<011> zu sehen. Die Orientierungen ($\varphi_1 = 45°, \Phi = 0$) und ($\varphi_1 = 45°, \Phi = 90$) entsprechen den {001}<010> und {110}<112> Komponenten.

Bei dem heißgewalzten Material bilden sich weniger Texturkomponenten aus. Dominierend ist hier das Maximum bei {112}<110> (Abb. 4.21a). Dies ist eine Komponente der α-Faser. Es können keine ausgeprägten Maxima bei den Orientierungen der γ-Faser gefunden werden.

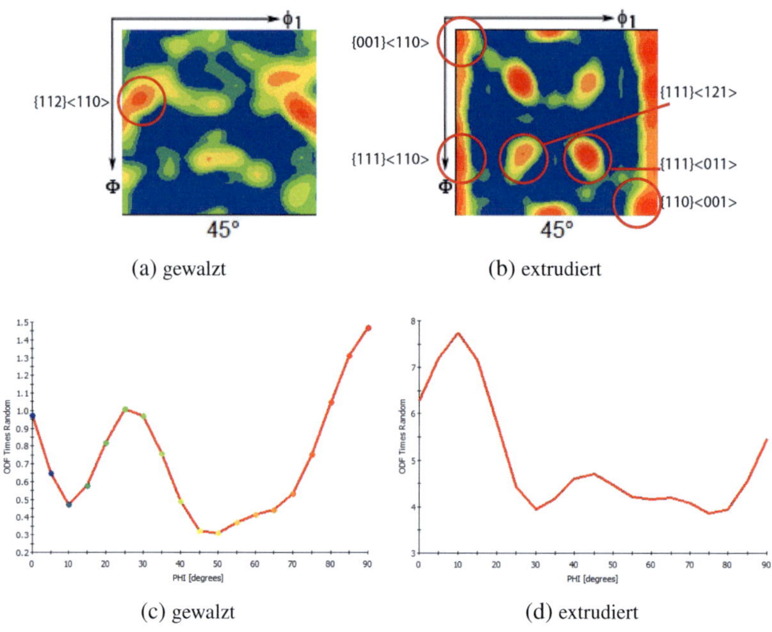

(a) gewalzt

(b) extrudiert

(c) gewalzt

(d) extrudiert

Bild 4.21.: $\varphi_2 = 45°$ Schnitte der ODF der Y_2O_3 Legierungen

Die zugehörigen Intensitätsplots entlang der Φ-Achse (mit $\varphi_1=0$, $\varphi_2 = 45$) zeigen wie stark einzelne Komponenten der α-Faser ausgeprägt sind (vgl Abb. 2.22). Den Winkeln Φ entlang der x-Achse können die entsprechenden Einzelkomponenten der α-Faser zugeordnet werden. So entspricht z. B. $\Phi = 0$ der {001}<110> Komponente (vgl. Tabelle 2.1). Die Textur nach der Extrusion ist fast vier mal stärker ausgeprägt als die nach dem Walzen.

Der EBSD-Scan der Legierung ohne Umformung zeigt keine Vorzugsorientierung (Abb. 4.22). Man spricht in diesem Fall von einer regellosen Textur. Da dieser Scan mit einem anderen EBSD-System aufgezeichnet wurde, konnte nur eine geringere Vergrößerung erreicht werden. Zudem reicht die mögliche Schrittweite nicht aus, um die Feinkorn-Bereiche, die im FIB zu erkennen sind, aufzulösen. Sie erscheinen im Bild als Rauschen mit zufälligen Messpunkten.

Bild 4.22.: EBSD Messung der Legierungen Fe-13Cr-1W-0.3Ti + Y_2O_3, nach HIP, nicht umgeformt (ausgewertet in Normalen-Richtung)

4.1.3. Mechanische Eigenschaften

Die mechanischen Kennwerte der einzelnen Legierungen sind von der gewählten Herstellungsroute abhängig. Je nach Herstellungsrouten ergeben sich unterschiedliche dynamische Risszähigkeitswerte für die einzelnen Legierungen. Nach dem Kompaktieren durch HIP ohne weitere thermomechanische Behandlung ist das Material sehr spröde. Im Kerbschlagarbeit-Temperatur-Schaubild (Abb. 4.23) ist kein ausgeprägter Übergang von Spröd- zu Duktilbruch zu erkennen. Selbst bei 400°C wird nur weniger als 1 J Energie von der Probe aufgenommen. Die Legierungen nach Warmumformung durch Walzen zeigen auch keinen definierten Spröd-Duktil-Übergang. Allerdings sind die aufgenommenen Energien minimal (1-2 J) höher als ohne Umformung. Erst die heiß-extrudierte Legierung zeigt akzeptable Zähigkeit bei Raumtemperatur und darunter. Sie erreicht Kerbschlagarbeiten

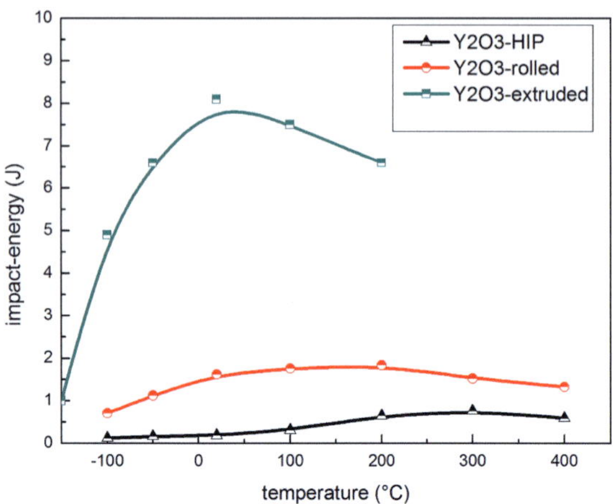

Bild 4.23.: Ergebnisse der Kerbschlag-Biegeversuche (LS-Orientierung)

von bis zu 8 J bei Raumtemperatur. Der Spröd-Duktil-Übergangsbereich liegt deutlich erkennbar zwischen -150 und -50°C.

Die Aufnahmen der Bruchflächen nach den Kerbschlagversuchen (Abb. 4.24a) bestätigen die Werte des Diagramms. Die Probe nach HIP zeigt deutlich einen Sprödbruch. Der Bruch besitzt, bei niedriger Vergrößerung betrachtet, eine glatte Oberfläche ohne makroskopisch erkennbare Details. Die REM Bilder zeigen im Detail (Abb. 4.24b) einen transkristallinen Rissverlauf ohne Wabenbildung. Die Probe hat keine Energie durch Verformung aufgenommen. Nach dem Walzen konnte die Probe mehr Energie aufnehmen. Hier sind mit bloßem Auge Lamellen auf der Bruchfläche zu sehen. Im Detail (4.25b) erkennt man, dass Risse tief in die Probe hinein gewachsen sind und ein Auffacettieren der Bruchoberfläche hervorgerufen haben. Die Oberflächen der Lamellen zeigen jedoch keine Verformung. Das Bruchbild der extrudierten Legierungen zeigt einen typischen Zähbruch mit Scherlippen rechts und links der Probe und einer ausgeprägten Verformung in der Mitte. In der Detailaufnahme (Abb. 4.26b) sind die tiefen Waben sichtbar. Das Material bricht ebenfalls transkristallin, im Gegensatz zu den anderen

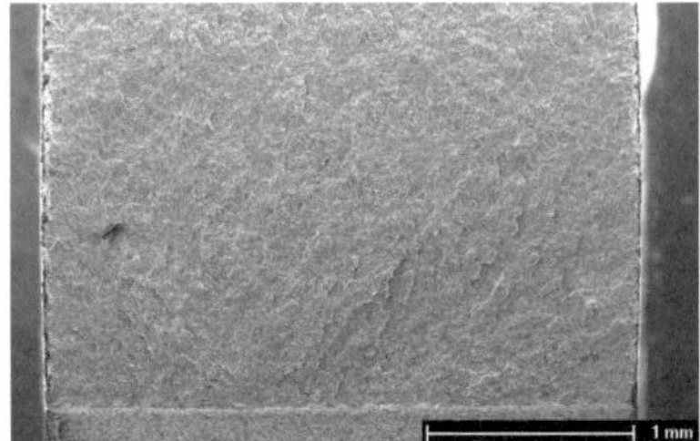

(a) Raumtemperatur: Übersicht

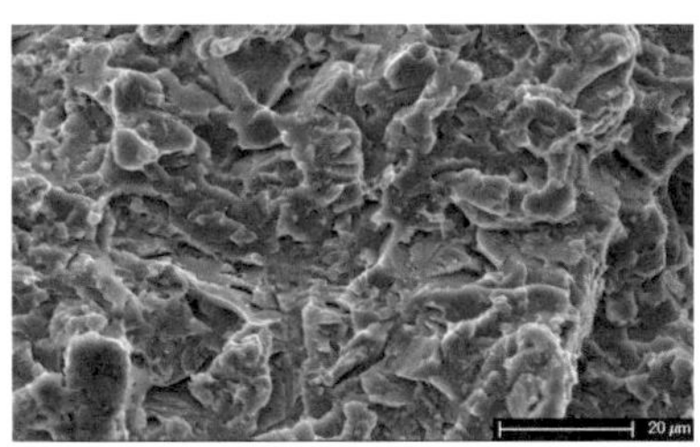

(b) Raumtemperatur: Detail

Bild 4.24.: REM Aufnahmen der Bruchflächen nach Kerbschlagbiegeversuchen an der Y_2O_3 Legierung bei Raumtemperatur (nach HIP)

(a) Raumtemperatur: Übersicht

(b) Raumtemperatur: Detail

Bild 4.25.: REM Aufnahmen der Bruchflächen nach Kerbschlagbiegeversuchen an der Y_2O_3 Legierung bei Raumtemperatur (gewalzt)

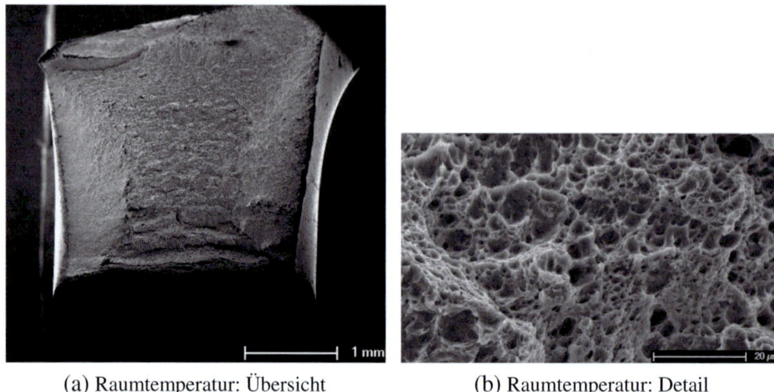

(a) Raumtemperatur: Übersicht

(b) Raumtemperatur: Detail

Bild 4.26.: REM Aufnahmen der Bruchflächen nach Kerbschlagbiegeversuchen an der Y_2O_3 Legierung bei Raumtemperatur (extrudiert)

Herstellungsrouten jedoch mit duktiler Wabenbildung.

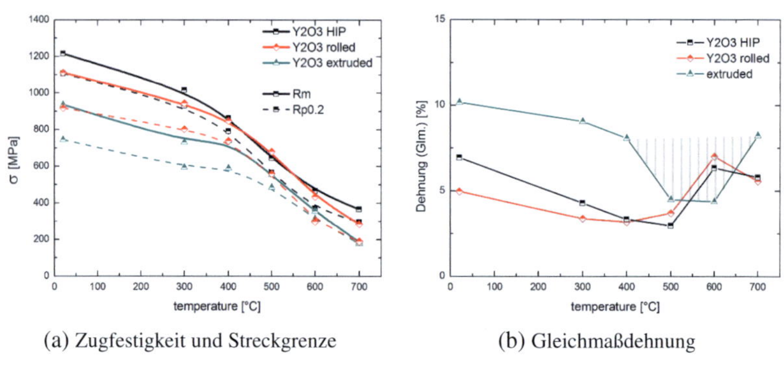

(a) Zugfestigkeit und Streckgrenze

(b) Gleichmaßdehnung

Bild 4.27.: Ergebnisse der Zugversuche der Referenzlegierungen

In Bild 4.27a sind die Werte für Zugfestigkeit (R_m) und 0.2% Dehngrenze ($R_{P0.2}$) aufgetragen. Die höchste Zugfestigkeit erzielt die Legierung ohne thermo-mechanische Behandlung direkt nach dem HIPen. Sie liegt ca. 100 MPa über den restlichen Materialien bei Raumtemperatur, zeigt jedoch zwischen 400°C und 500°C den gleichen ausgeprägten Abfall wie alle getesteten Materialien und liegt im Bereich der Einsatztemperatur (500-600°C) mit den anderen Legierungen gleichauf. Die Zugverfestigungskurven (Abb. 4.28) ohne thermo-mechanische Behandlung weisen eine geringere Duktilität im gesamten Temperaturbereich auf. In der Abbildung 4.29 sind die Bruchflächen der Proben nach den Zugversuchen dargestellt. Die Bruchflächen sehen nach Tests bei 600°C und Raumtemperatur ähnlich aus. Einschnürungen im Bereich der Bruchfläche sind kaum vorhanden. Die Proben haben sich vor dem Bruch auf der gesamten Fläche verformt. Dies belegen auch die Detailaufnahmen, bei denen eine zähe Wabenstruktur mit transkristallinen Brüchen entlang der Korngrenzen zu sehen ist.

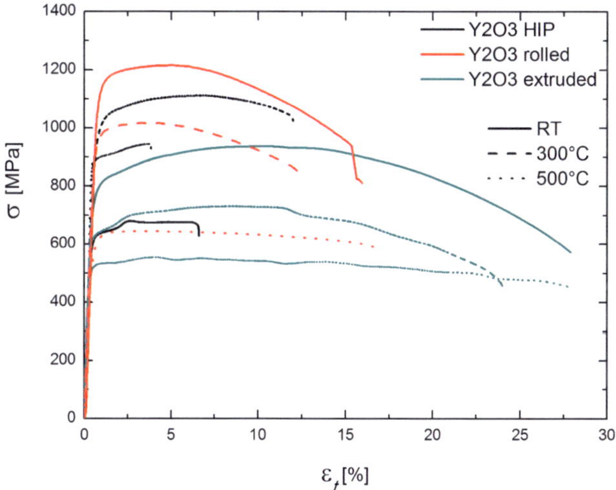

Bild 4.28.: Zugverfestigungskurven

In Abb. 4.30 (gewalzter Zustand) lassen sich noch Überreste der Walzstruktur durch die parallelen Linien quer zur Walzrichtung erkennen. Tiefe Kerben gehen von der Bruchfläche entlang der Belastungsrichtung in das Innere der Proben. Die Umgebung des Risses zeigt auch Absätze quer zur Walzrichtung. Die Struktur ähnelt der Bruchoberfläche nach dem Kerbschlag-Biegeversuch mit der Delamination von einzelnen Lagen und dem Ausbilden einer Zeilenstruktur. In den Detailaufnahmen (Abb. 4.30c) weisen die Absätze eine feinporige Wabenstruktur auf. Diese vielen, kleinen Waben waren Hauptträger der Verformung beim Bruch. Nach dem Bruch bei 600°C sind zwar keine Kerben vorhanden, Überreste der Zeilenstruktur durch das Walzen sind jedoch noch leicht ausgeprägt. Nach den Zugversuchen bei Raumtemperatur lassen sich deutliche Unterschiede durch die thermo-mechanische Behandlung ausmachen. Die Probenfläche nach dem HIPen zeigt eine fast glatte Oberfläche und keine sichtbare Einschnürung. In der Detailaufnahme (Abb. 4.29c) ist zwar die Kornstruktur durch die interkristallinen Brüche zu erkennen, aber keine Verformung durch Wabenbildung zu sehen. Ausgehend von der Zugverfestigungskurve (Abb. 4.28) mit einer Bruchdehnung von ca. 13%, hat sich die Probe insgesamt verlängert, ohne dabei merklich vor dem Bruch einzuschnüren.

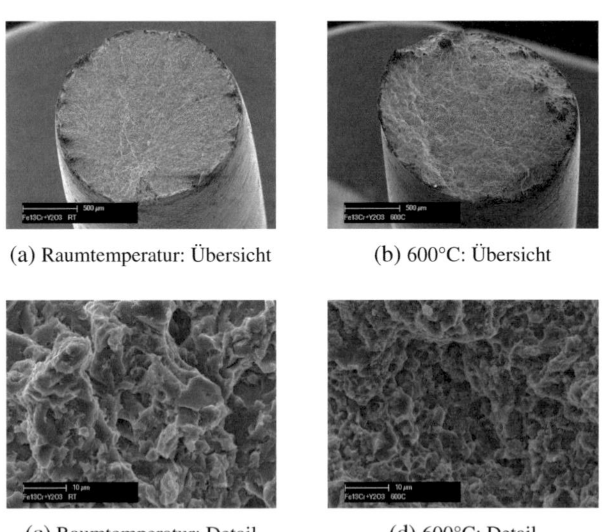

(a) Raumtemperatur: Übersicht (b) 600°C: Übersicht

(c) Raumtemperatur: Detail (d) 600°C: Detail

Bild 4.29.: REM Aufnahmen der Bruchflächen nach Zugversuchen an HIP - Y_2O_3 Legierung bei Raumtemperatur und 600°C

Bei der extrudierten Legierung tritt bei Raumtemperatur ein klassischer Fräserbruch auf. Die Probe ist während des Versuchs deutlich eingeschnürt. Vom Außenrand der Bruchfläche zeigen Bruchkanten in Radialrichtung zur Mitte (Abb. 4.31). Die Probe nach dem 600°C Test ist über eine weite Strecke im Bereich der Messlänge eingeschnürt. Der aus dem Bild (Abb. 4.31b) vermittelte Eindruck, dass keine Einschnürung vorliegt, täuscht hier.

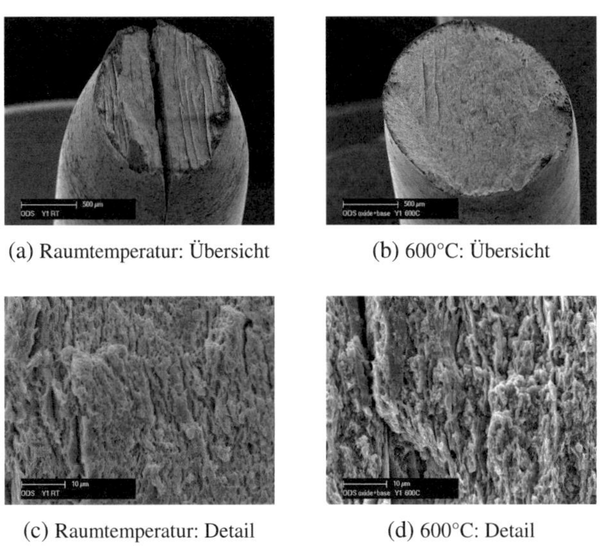

(a) Raumtemperatur: Übersicht   (b) 600°C: Übersicht

(c) Raumtemperatur: Detail   (d) 600°C: Detail

Bild 4.30.: REM Aufnahmen der Bruchflächen nach Zugversuchen an der gewalzten Y_2O_3 Legierung bei Raumtemperatur und 600°C

Die größte Duktilität (30% Bruchdehnung) zeigt das extrudierte Material (Y_2O_3 extruded) bei gleichzeitig akzeptabler Festigkeit (ca. 1000 MPa bei RT). Diese Charge zeigt auch den geringsten Abfall über den untersuchten Temperaturbereich. Bild 4.28 verdeutlicht auch die Notwendigkeit für die thermo-mechanische Nachbehandlung von ODS-Legierungen. Durch Heißwalzen (vgl. Y_2O_3 HIP, Y_2O_3 rolled) konnte zwar nur eine geringe Festigkeitssteigerung erreicht werden, jedoch nimmt die Duktilität erheblich zu. Bei Raumtemperatur beträgt der Unterschied der Zugfestigkeit nur ca. 100 MPa, die Duktilität steigert sich jedoch von 12% auf 16% (Bruchdehnung). Bei höheren Versuchstemperaturen wird dieser Unterschied sogar noch größer (500°C: 7.2% auf 16.7%). Die Gleichmaßdehnung (Abb. 4.27b) zeigt ein ähnliches Verhalten. So weist die Legierung nach Extrusion auch hier die größten Dehnungen auf. Alle Legierungen zeigen ein Minimum der Gleichmaßdehnung im Bereich zwischen 500°C und 600°C. Der große Abfall bei der extrudierten Legierung ist allerdings mit einem Berechnungsfehler zu erklären. Die korrekte Bestimmung der Gleichmaßdehnung ist bei der gegeben Zugverfestigungskurve (Abb. 4.28) schwer möglich, da kaum ein Abfall der Spannung zu beobachten ist. Daher ist ein Streuband in Abb. 4.27b eingezeichnet.

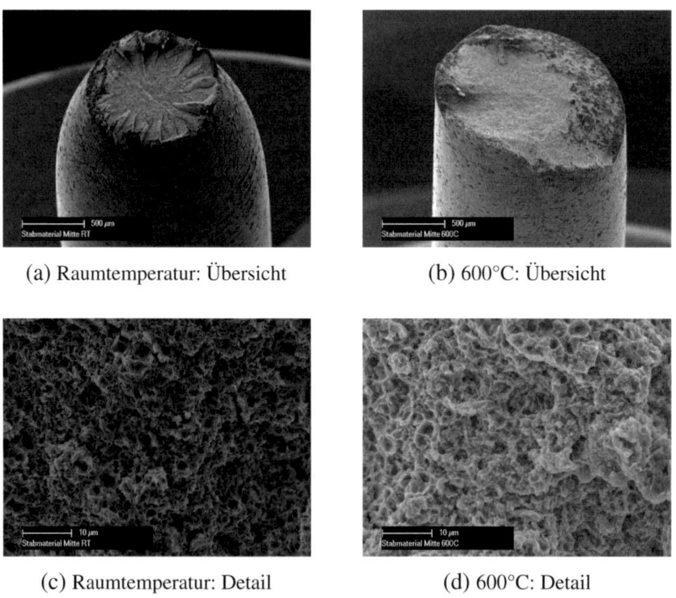

(a) Raumtemperatur: Übersicht   (b) 600°C: Übersicht

(c) Raumtemperatur: Detail   (d) 600°C: Detail

Bild 4.31.: REM Aufnahmen der Bruchflächen nach Zugversuchen an der extrudierten Y_2O_3 Legierung bei Raumtemperatur und 600°C

Tabelle 4.3 zeigt die Dichtewerte der einzelnen Legierungen. Auf den ICC Bildern (Abb. 4.14) der Legierung nach dem HIPen sind bereits Poren zu sehen sind. Dies bestätigt auch der niedrige Wert der Dichte. Nach der Extrusion ist nochmals eine Steigerung der Dichte zu erkennen.

Legierung	Y_2O_3 HIP	Y_2O_3 HIP+Walzen	Y_2O_3 Extrusion
Dichte	7.2 g/cm^3	7.72 g/cm^3	7.75 g/cm^3

Tabelle 4.3.: Dichte der einzelnen Legierungen (mit Archimedes-Verfahren gemessen)

4.1.4. Diskussion

Der Prozess des mechanischen Legierens in einer Attritor-Kugelmühle basiert auf der Interaktion zwischen den Pulverpartikeln und den Mahlkugeln. Die Partikel werden beim Kontakt zwischen zwei Kugeln zusammengepresst und kalt-verschweißt. Dadurch entstehen größere Flakes, die beim nächsten Kontakt mit den Kugeln oder der Behälterwand wieder aufbrechen. Dieser Prozess läuft kontinuierlich ab und erklärt die zunächst stattfindende Zunahme der Partikelgrößen in den ersten Stunden der Mahlungen. Wie bereits aus den Erkenntnissen von Surayanarayana [18] und Gilman [59] erkennbar ist, hängt dieser Vorgang sehr stark vom Material und den verwendeten Mahlparametern ab. Die Arbeiten von Eiselt [6] mit der gleichen Materialzusammensetzung konnten bestätigt werden. Die mittlere Partikelgröße sinkt jedoch, anders als dort festgestellt, nach 50 Stunden noch weiter. Theoretisch tritt eine Sättigung ein, bei der die Partikelgrößenverteilung konstant bleibt. Dies konnte im Rahmen dieser Parametervariation jedoch nicht gefunden werden. Der Unterschied der experimentellen Ergebnisse lässt sich durch die unterschiedlichen Attritor-Drehzahlen erklären, die von 500 U/min auf 1200 U/min erhöht wurden. Bei höheren Drehzahlen wird mehr Energie auf das Mahlgut übertragen.

Die Probenpräparation mittels Mikrotomie erweist sich als geeignet, um (Stahl-) Pulverproben im TEM zu beobachten. Abbildungen mit HAADF und chemische Analysen mit EDX lassen sehr gute Rückschlüsse auf die Verteilung einzelner Elemente zu. Es konnten jedoch auch die Grenzen dieses Verfahrens aufgezeigt werden. So sind hochauflösende Elektronenmikroskopie (HRTEM) und insbesondere Elektronen-Energie-Verlust-Spektroskopie (EELS) nicht möglich, da diese sehr viel höhere Anforderungen an Probenbeschaffenheit und -dicke stellen. Die innere Struktur der Pulverpartikel lässt sich daher mit diesem Verfahren nicht untersuchen.

Üblicherweise können durch Messungen mit energiedispersiver Röntgenspektroskopie (EDX) homogen verteilte (oder gelöste) Elemente bis zu einer Konzentration von ca. 0.5 Gew.% nachgewiesen werden. Der Yttriumgehalt der hier vorliegenden Legierungen ist jedoch mit 0.3 Gew.% deutlich unter der Nachweisgrenze. Die Tatsache, dass Yttrium nach 24 Stunden noch sicher detektiert werden konnte, weist auf eine lokal deutlich erhöhte Konzentration hin. Diese Tatsache führt zum Schluss, dass der Legierungsvorgang, das heißt die Zwangslösung, noch nicht vollständig abgeschlossen ist. Durch die geringe Intensität des EDX-Spektrums konnte kein verlässlicher Nachweis für Sauerstoff in diesen Regionen erbracht werden. Auch mit sehr feinen und detaillierten Scans der Partikel konnte kein Nachweis für eine Y-Phase erbracht werden. Die Tatsache, dass nach 40 und 80 Stunden keine Y-Phasen mehr gefunden werden konnten, ist konform mit den Ergebnissen von Cayron et. al [60]. Sie haben im legierten Pulver auch keine Y_2O_3 Partikel mehr feststellen können, wohl aber nach Wärmebehandlung den Nachweis für einzelne Komplex-Oxide erbringen können. Die Ergebnisse der XAFS-Untersuchungen bestätigen dies. Hier konnte ein Restanteil des Yttriums in Form von Y_2O_3 deutlich nachgewiesen werden. In der Pulverprobe, die 80 Stunden gemahlen wurde (und anschließend bei 800°C wärmebehandelt), war dieser Anteil sehr viel geringer. XAFS (XANES) erweist sich hierbei als nahezu ideales Verfahren um diesen Nachweis im Kombination mit TEM zu erbringen. Können mittels TEM nur kleine

Bereiche sehr genau untersucht werden, kann bei XAFS ein großes Volumen mit exzellenter Statistik der Ergebnisse analisiert werden.

In den Legierungen nach der Kompaktierung konnten die Oxidpartikel mit TEM Aufnahmen gefunden werden. Die chemische Zusammensetzung und Verteilung entspricht den Ergebnissen von Eiselt [6]. Auch dort konnten Y-Ti-O Komplexe im gesamten Gefüge nachgewiesen werden.

Die EBSD-Texturen im extrudierten Material wurden auch schon von anderen Arbeitsgruppen beobachtet [61, 62, 63]. Die Orientierung der Körner in <110> Richtung parallel zur Extrusionsrichtung bewirkt einen positiven Effekt auf die Eigenschaften im Kerbschlag-Biegeversuch und insbesondere auf die DBTT. Durch die Ausrichtung des Gefüges werden diese Werkstoffkenngrößen jedoch richtungsabhängig. Die von den oben genannten Gruppen beobachteten Anisotropieeffekte konnten im Rahmen dieser Arbeit jedoch nicht untersucht werden, da die Abmessungen des vorhandenen Materials nicht für die Fertigung von Proben in anderen Orientierungen ausreichten. Die Ergebnisse liegen im Bereich der von Serrano et. al [61] bestimmten Werte für einen 14-Cr-ODS-Stahl. Die minimalen Unterschiede lassen sich auf leicht abgewandelte chemische Zusammensetzung des Materials und Variationen im Herstellungsprozess (mech. Legieren in H_2, etc.) zurückführen. Die Werte für die Zugfestigkeit und Duktilität im Hochtemperaturbereich (500°C - 700°C) sind vergleichbar.

Die Abhängigkeit der mechanischen Eigenschaften von der gewählten Prozessroute lässt sich auf die Mikrostruktur zurückführen. Während Eiselt [6] kaum Festigkeits- und Duktilitätsunterschiede zwischen verformtem und unverformtem Material feststellen konnte, treten sie hier doch deutlich hervor. Dies ist auf den mit $\varphi = 1.43$ wesentlich höheren Gesamtumformgrad (vgl. Tabelle 3.5) zurückzuführen. Er führt zu einer geringeren Porosität und weiteren Verdichtung des geHIPten Materials. Dieser Effekt wurde schon von Unifantowicz et al. [64] beobachtet. Der Einfluss der höheren Temperatur ist hierbei nicht so ausschlaggebend, da bei beiden Prozessen auf Grund der behindernden ODS-Teilchen noch keine statische Rekristallisation stattfindet.

Die Tatsache, dass es sich nicht um ein (vollständig) rekristallisiertes Gefüge handelt, lässt sich auch durch die KAM in Bild 4.19 deutlich erkennen. Die inneren Spannungen im Gefüge bewirken einen Festigkeitszuwachs. Dadurch lässt sich auch erklären, dass die Legierung nach der Extrusion eine geringere Festigkeit aufweist. Auf Grund der hohen Temperaturen und des hohen Umformgrades konnten sich innere Spannungen während des Umformprozesses abbauen.

Die Texturen wurden ja bereits als Komponenten der α- und γ-Fasern von krz-Materialien beschrieben. Die Verteilung und Dominanz einzelner Komponenten hängt auch von der Prozessroute ab. Die Tatsache, dass sich nach der Extrusion wesentlich stärkere Texturen mit Komponenten beider Fasern ausbilden, steht im Einklang mit den Ergebnissen von Raabe et al. [40], die eine Verschiebung der Intensitäten einzelner Komponenten in Abhängigkeit von der Umformung beschreiben. Speziell die berichtete Dominanz der {001}<110> und {111}<110> (beide α-Faser) kann im extrudierten Material beobachtet werden (auch der sichtbare Peak bei {111}<011> bestätigt die Theorie). Der Umformgrad ist in diesem Material mit $\varphi = -1.91$ auch deutlich größer als nach dem Walzen ($\varphi = -1.43$). Der Umformgrad φ ist logarithmisch definiert, wenn man von der prozentualen Änderung sprechen würde, wäre es eine Reduktion der Ausgangsfläche auf 18.75% (Extrusion) im Vergleich zu nur 50% (Walzen).

Trotz der Warmumformung bei 1100°C und längerem Halten der Proben auf dieser Temperatur während des Prozesses haben sich keine Erholungs- oder Rekristallisationstexturen eingestellt. Die in [40] berichtete Verschiebung von {001}<110> und {112}<110> hin zu einer stärkeren γ-Faser konnte nicht beobachtet werden. Das gewalzte Material Fe-13Cr-1W-0.3Ti + Y_2O_3 hat eine überwiegend α-Faser-Texturierung mit einem Maximum bei {112}<110>, das auf Grund des geringeren Umformgrades nicht so stark ausgeprägt ist.

Die dynamische Risszähigkeit des Materials konnte durch Warmumformen kaum gesteigert werden. Trotz starker Umformung ist weder ein klarer

Spröd-Duktil-Bruch-Übergangsbereich, noch akzeptable Zähigkeit vorhanden. Ein Grund hierfür ist die Proben- und Kerbenorientierung. Reiser [65] hat bereits die Wichtigkeit der Orientierungsbeziehung zwischen Kerbe und Walzrichtung beschrieben. Da die Kornstruktur lamellar ausgeprägt ist, kann es zum Auffacettieren der Bruchoberfläche kommen. Grundlage dieses Mechanismus sind schwache Korngrenzen, die eine Rissausbreitung entlang der Lamellen begünstigen. Bei diesem Vorgang wird jedoch wenig Energie dissipiert. Die Schwächung kann durch grobe Ausscheidungen wie z. B. Chromkarbide an den Korngrenzen entstehen. Auf Grund der langgestreckten Form ist die Wahrscheinlichkeit für diese Ausscheidungen erhöht. Eine umfassendere Betrachtung dieses Phänomens folgt bei der Diskussion der Zugversuche.

Nach der Extrusion entsteht zwar eine Zeilenstruktur, die jedoch aus Körnern mit einem Aspektverhältnis von ungefähr 1 besteht. Da die Korngrößenverteilung ähnlich ist, muss die Kornform der maßgebliche Faktor sein. Der (interkristalline) Rissfortschritt in einem solchen Gefüge geschieht durch Neuausrichtung an Korngrenzen [65]. Die Wabenstruktur des Bruchbildes weist daraufhin, dass die große Energieaufnahme (ca. 8 J bei Raumtemperatur) durch die Verformung der Waben erfolgt ist. Ohne thermo-mechanische Behandlung ist auf Grund von Restporositäten die Zähigkeit herabgesetzt. Unifantowicz [66] haben ähnliche Zähigkeitswerte und Übergangstemperaturen für Material nach dem HIPen berichtet. Auch hier konnte durch eine Umformung um ca. 50% nur ein geringer Effekt auf die Zähigkeit erreicht werden.

Die Werte der Zugfestigkeit liegen in einem Streubereich von ca. 300 MPa bei Raumtemperatur. Die Unterschiede sind auf die Mikrostruktur und Textur zurückzuführen. Die Zugversuche wurden jeweils in der Verformungsrichtung ausgeführt (L-Orientierung). Die Textur nach der Umformung bewirkt eine Orientierungsverfestigung in dieser Richtung. Durch ihre zeilenartige Struktur weisen die Materialien nach Umformung eine höhere Bruchdehnung auf. Der Grund dafür ist, dass Platte für Platte (gewalzte

Proben) bzw. Faser für Faser (Struktur nach Extrusion) sich nacheinander verformt und dann bricht. Die Legierung nach HIP zeigt zwar die höchste Zugfestigkeit, aber auch eine niedrige Duktilität. Die Argumentation für die geringe Zähigkeit gilt auch hier. Tritt ein Anriss in der Probe auf, so führen Mikroporositäten zu Spannungskonzentrationen und begünstigen frühzeitiges, instabiles Risswachstum. Die Bruchbilder (Abb. 4.29) mit der glatten Struktur belegen dies.

Die Proben des Materials nach dem Walzen zeigten Delamination entlang der Walzrichtung. Die Delamination bei Zugversuchen von gewalzten Fe-Cr ODS-Legierungen wurden bereits von Chao et al. [67] beobachtet. Der dort identifizierte Mechanismus durch Gaseinschlüsse während der Produktion kann auf die vorliegenden Proben jedoch nur bedingt übertragen werden. Die Zwischengitter-Diffusion von Wasserstoff (im Falle von Chao et al.) ist grundsätzlich anders als die Diffusion von Argon. Argon-Bläschen konnten im hier untersuchten Material mittels hochauflösender Rasterelektronenmikroskopie zwar nachgewiesen (Abb. 4.32) werden, bewirken aber eine Schwächung des Gefüges durch Spannungskonzentration, ähnlich wie Poren. Ein Einfluss auf die mechanischen Eigenschaften konnte von Eiselt [6] jedoch nicht nachgewiesen werden. Mintz et al. [68] führen die Delamination auf Versetzungen nach der Kaltumformung an Korngrenzen zurück. Eine noch frühere Arbeit von Bramfitt und Marder [69] untersucht die Delamination an sehr reinen Stahlproben um das Phänomen zu isolieren. Sie machen alleine die langgestreckte Kornform nach dem Walzen für die Delamination verantwortlich. Alle hier beschriebenen Ursachen können auf das vorliegende Material übertragen werden. Auf Grund der Vielzahl an möglichen Phasen und Ausscheidungen in den hier untersuchten ODS-Legierungen kann ein einzelner Mechanismus zum jetzigen Zeitpunkt nicht klar identifiziert werden.

Bemerkenswert ist die Art der Delamination bei den Proben nach Extrusion. Der Bruch konnte als typischer Fräserbruch klassifiziert werden. Das Bruchverhalten ist jedoch nur eine Abwandlung der Delaminationsbrüche

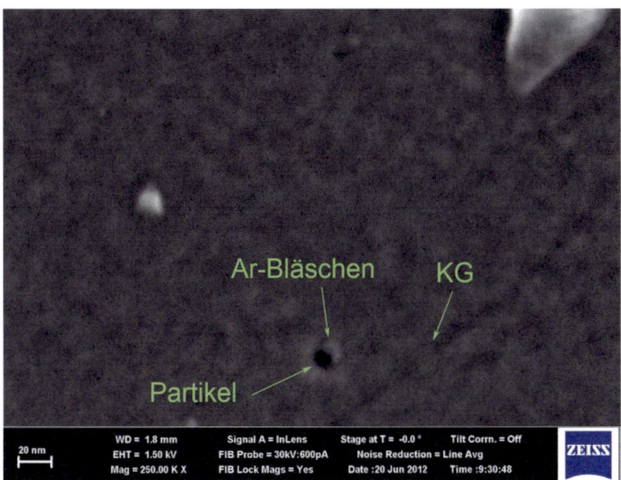

Bild 4.32.: Hochauflösende Rasterelektronenmikroskopie Aufnahme eines Partikels
mit gebundenem Argon-Bläschen

der gewalzten Materialien. Statt Platte für Platte horizontal, bzw. vertikal abzugleiten, tritt dieses Phänomen rotationssymmetrisch auf. Dieser Mechanismus kann mit den ODF Plots (4.21) korreliert werden. Die (punkt-)symmetrische ODF-Figur (4.21b zeigt diese Rotation um die RD-Richtung (hier: Extrusionsrichtung). Die α-Faser Komponenten nach dem Walzen begünstigen wiederum die zeilenartige Struktur.

4.2. Variation der Dispersoide

Zur einfacheren Beschreibung der Legierungen wird im Text oft nur von den einzelnen Oxiden gesprochen (z. B. La_2O_3- Legierung). Hier sind jeweils die ferritischen ODS-Materialien mit den entsprechenden Zusätzen gemeint. Dies dient der besseren Übersicht. Wenn nur eine einzelne Oxidverbindung (z. B. TiO_2) gemeint ist, wird das explizit erwähnt.
Die Legierungen mit verschiedenen Dispersoiden wurden mit den gleichen Herstellungsparametern wie die Referenzlegierungen (Fe-13Cr-1W-0.3Ti

+ Y_2O_3) hergestellt. Während des mechanischen Legierens konnte kein Unterschied in der mittleren Pulverpartikelgröße oder -form der verschiedenen Materialien festgestellt werden. Beim Heißwalzen zeigten sich erste Unterschiede: bei den letzten zwei Walzschritten (vlg. Tabelle 3.5) zeigten sich bei einigen Kapseln deutliche Risse an den Außenseiten. Dieses Phänomen trat bei den Kapseln mit ZrO_2, La_2O_3 und Y_2O_3 am stärksten auf. Bei ungemahlenem Basis-Material traten diese Risse nicht auf (4.33a unten). Des weiteren haben sich die oxidverstärkten Materialien nach dem letzten Walzschritt durch die Verformung stark nach oben gekrümmt. Sie wurden anschließend nach erneutem Aufheizen auf 1100°C auf einer hydraulischen Presse plan gedrückt und gerichtet. Eine Übersicht der gewalzten Kapseln ist in Bild 4.33b zu sehen.

(a) Risse an den Kapselaußenseiten einer Oxidvestärkten Legierung (oben)

(b) Fertige Materialien nach dem Warmumformen

Bild 4.33.: Mikrostruktur der Y_2O_3 Legierung (T-Orientierung)

Element in Gew.%	La_2O_3	ZrO_2	Ce_2O_3	MgO
Fe	bal.	bal.	bal.	bal.
Cr	13.0	11.9	11.9	12.2
W	1.14	1.07	1.05	1.070
Ti	0.272	0.247	0.122	0.127
Y	-	-	-	0.155
La	0.158	-	-	-
Zr	-	0.216	-	-
Ce	-	-	-	-
Mg	0.052	-	-	-
C	0.0908	0.119	0.149	0.108
O	0.119	0.162	0.116	0.0473

Tabelle 4.4.: Zusammensetzungen der hergestellten ODS-Legierungen (Chemische Analytik - IAM-AWP)

4.2.1. Mikrostruktur und Textur

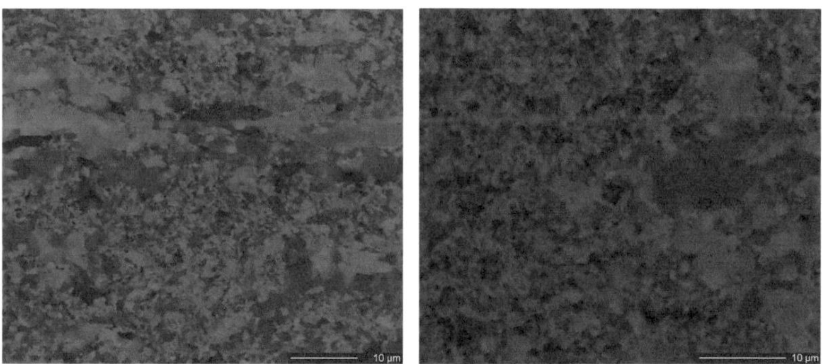

Bild 4.34.: Mikrostruktur der Y_2O_3 Legierung (T-Orientierung)

Zum besseren Vergleich der einzelnen Materialien aus der Legierungsvariation sind in Abbildung (4.34) zwei Aufnahmen der Mikrostruktur des Fe-13Cr-1W-0.3Ti + Y_2O_3 Referenzmaterials zu sehen. Die wesentlichen Aspekte wurden schon in Abschnitt 4.1 behandelt.

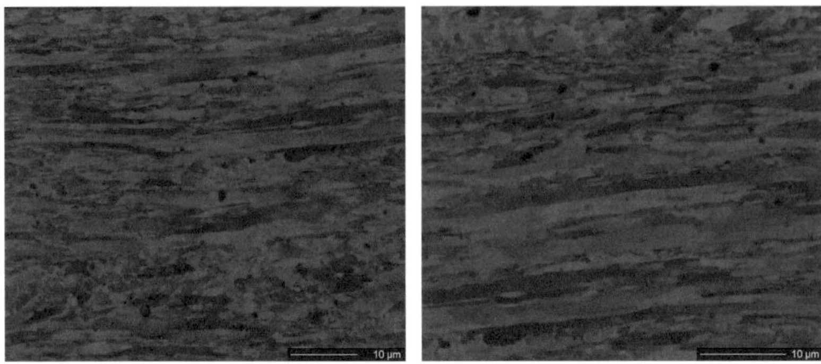

Bild 4.35.: Mikrostruktur der La_2O_3 Legierung (T-Orientierung)

Die Mikrostruktur des La_2O_3 ODS-Materials ähnelt sehr stark dem Referenzmaterial (Fe-13Cr-1W-0.3Ti + Y_2O_3, siehe Bild 4.35). Auch hier herrscht eine sehr ausgeprägte bimodale Korngrößenverteilung vor. Die Unterschiede zwischen beiden Größenfraktionen bestehen aber in der Form. Die großen Körner sind sehr stark verformt und entlang der Walzrichtung ausgerichtet. Kleine Körner haben keine erkennbare Verformung erfahren und sind gleichachsig.

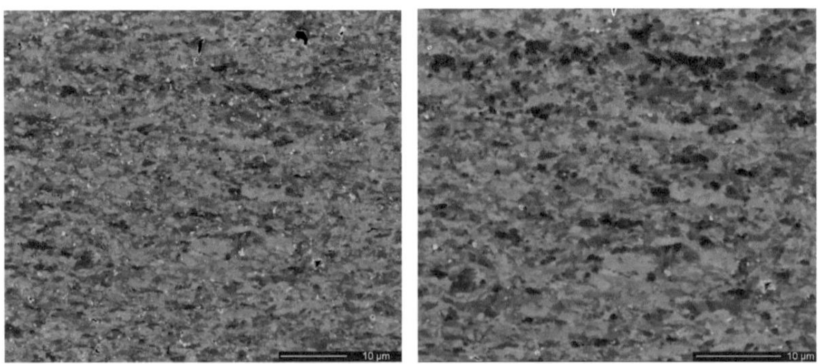

Bild 4.36.: Mikrostruktur der ZrO_2 Legierung (T-Orientierung)

Das Material mit ZrO_2- Zusatz besitzt eine homogene Mikrostruktur. Es ist trotz des hohen Umformgrades keine Verformung oder Vorzugsrichtung der Körner in den ICC Bildern (Bild 4.36) zu sehen. Allerdings sind in den Aufnahmen Mikroporen zu erkennen, die auf eine nicht vollständige Verdichtung des Materials während des Herstellungsprozesses hindeuten. Dies wird auch durch die Dichtemessungen (Tabelle 4.5) bestätigt, bei denen dieses Material eine geringere Dichte als die übrigen untersuchten Proben hat.

Material	La_2O_3	ZrO_2	Ce_2O_3	MgO	Y_2O_3	Extrudiert
Dichte [g/cm^3]	7.76	7.55	7.72	7.75	7.72	7.75

Tabelle 4.5.: Dichte der verschiedenen Legierungen (gemessen mittels Archimedes Verfahren)

Die Ce_2O_3 ODS-Legierung weist eine geringere Anzahl langgestreckter Körner auf. Der Anteil an Feinkorn-Gefüge nimmt deutlich im Vergleich zu den La_2O_3- und Y_2O_3-basierten ODS-Materialien zu.

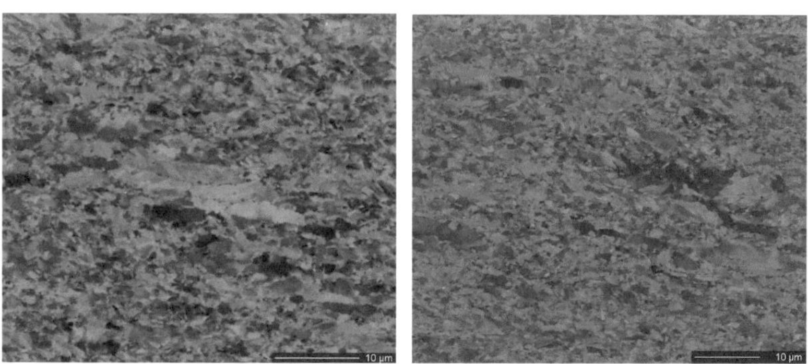

Bild 4.37.: Mikrostruktur der Ce_2O_3 Legierung (T-Orientierung)

Die hier gezeigten EBSD-Maps in der Inversen-Pol-Figur Darstellung (Abb. 4.38) genügen nicht zur vollständigen Analyse der Textur. Auf die Gründe wurde bereits in Kapitel 2 eingegangen. Sie geben dennoch einen anschaulichen Eindruck der Mikrostruktur und geben auch Anhaltspunkte für die Kornorientierungen. Die FIB-Bilder (siehe Abb. 4.35 bis 4.39) können so besser interpretiert werden. Zunächst kann auch hier eine langgestreckte bimodale Kornstruktur für die La_2O_3- und Ce_2O_3- Legierungen beobachtet werden. Die Maps sind in Walzrichtung berechnet: die dominanten grün gefärbten $\{011\}$ Körner sind also in dieser Richtung orientiert. Ein großer Nachteil der IPF-Darstellung von EBSD Daten wird auch ersichtlich. Die $\{001\}$ Körner sind zwar für die La_2O_3- und Referenz-Legierungen erkennbar, aber es ist schwer, den genauen Anteil dieser Textur in den anderen Maps der Abb. 4.38 zu bestimmen. Für die weiteren Texturbetrachtungen werden deshalb Pol-Figuren und ODF-Plots verwendet.

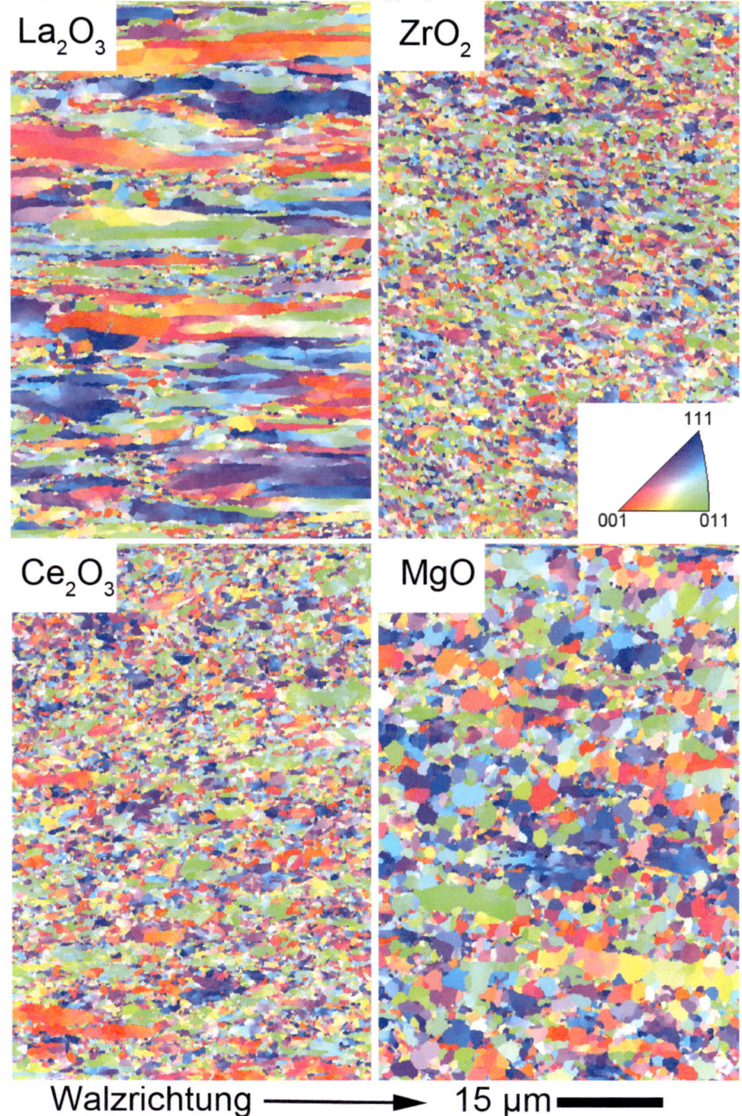

Bild 4.38.: EBSD Aufnahme der ODS-Legierungen mit Variation der Dispersoide

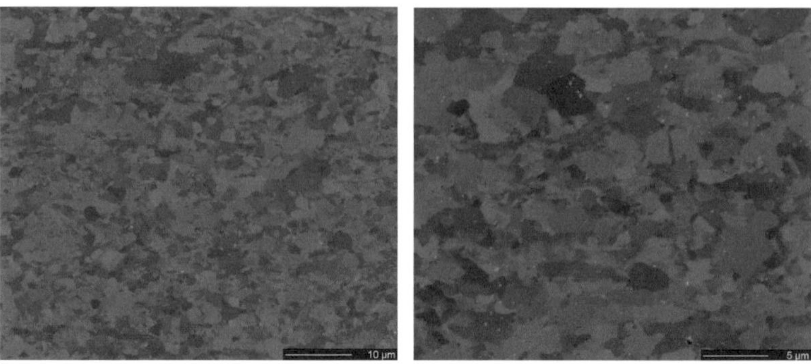

Bild 4.39.: Mikrostruktur der MgO Legierung (T-Orientierung)

Die Legierungen mit MgO als Oxidzusatz unterscheiden sich grundlegend von allen anderen im Rahmen dieser Arbeit untersuchten Materialien. Zunächst fällt die deutlich größere mittlere Korngröße auf. Wo wir bei konventionellen ferritischen ODS-Legierungen Korngrößen im Bereich weniger Mikrometer (und teilweise sub-μ Bereich) vorfinden, lassen sich hier Körner mit 5 μm und mehr erkennen (Bild 4.39). Auch die Phänomene wie Bimodalität und stark gestreckte Körner können nicht beobachtet werden. Aus der EBSD Map (Bild 4.38) lässt sich auch keine bevorzugte Orientierung erkennen. Beim Betrachten der Inversen Pol-Figuren dieses Materials (Bild 4.40) ist die schon bei den Referenzlegierungen gemessene Textur mit <001> Orientierung entlang der Walzrichtung wiederzuerkennen. Die Maxima der Pol Figur liegen dabei noch oberhalb der ZrO_2 und Ce_2O_3 ODS-Legierungen.

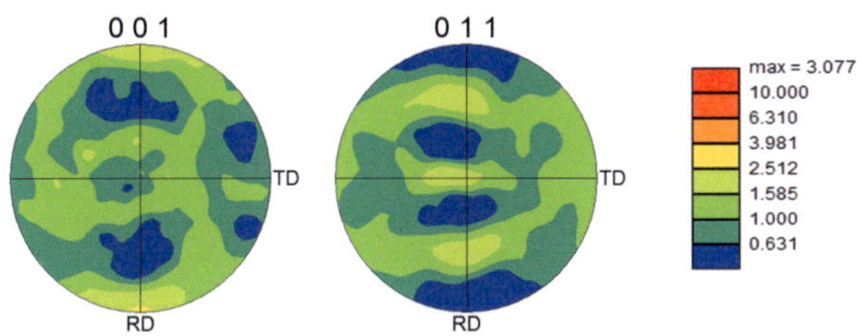

Bild 4.40.: Textur der MgO ODS-Legierung

Die aus den EBSD-Daten berechneten Polfiguren (Abb. 4.41 und Abb. 4.42) zeigen die Textur der Materialien. Die Orientierung der Texturen ist bei allen Legierungen ähnlich, deren Intensität variiert jedoch. Die La_2O_3 und Y_2O_3-Materialien mit ihrer ausgeprägten bimodalen Kornstruktur sind sehr stark orientiert mit maximalen Intensitäten von 4.6 und 5.0. Die Intensitäten der übrigen Oxidvariationen liegen darunter (Ce_2O_3:1.6, ZrO_2: 2.0, MgO: 3.01). Die Art der Vorzugsorientierungen ist jedoch für alle Legierungen gleich und sie entsprechen typischen Walztexturen für krz-Materialien. Die {001} und {110} - Ebenen sind entlang der Walzrichtung ausgerichtet.

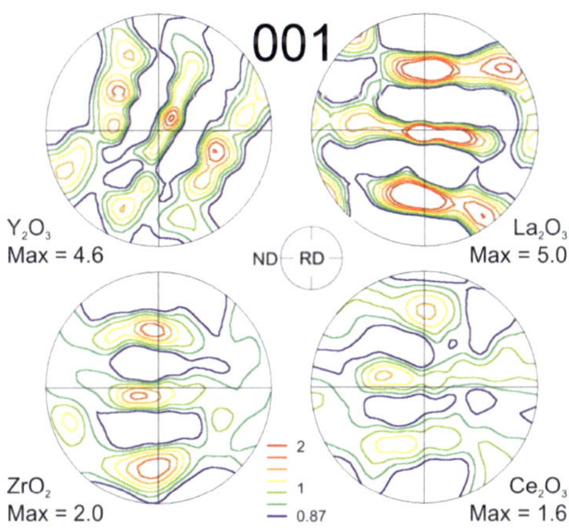

Bild 4.41.: Inverse Pol-Figuren der Texturen verschiedener ODS-Materialien (001 Orientierung)

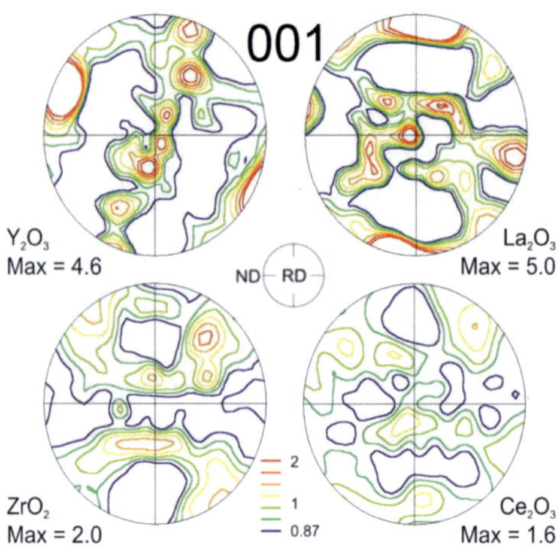

Bild 4.42.: Inverse Pol-Figuren der Texturen verschiedener ODS-Materialien (011 Orientierung)

Während die Pol-Figuren ein ähnliches Bild für alle Legierungen zeigen (Abb. 4.40 bis 4.42), können in den $\varphi_2 = 45°$ Schnitten der ODF kaum Gemeinsamkeiten ausgemacht werden. Die MgO-Legierung zeigt eine klar sichtbare γ-Faser Textur mit Maxima bei den $\{111\}<121>$ und $\{111\}<011>$ Komponenten. Diese Textur ist typisch für ein rekristallisiertes krz-Material. Lamellare Strukturen in der ODF können für die La_2O_3 und Ce_2O_3 Legierungen gefunden werden. Diese können zunächst keiner bekannten Walztextur von krz-Materialien zugeordnet werden. Falls es jedoch durch Verkippungen und Falschausrichtungen der Probe während der Messung zu einer Verschiebung der Pole innerhalb der ODF gekommen ist, können trotzdem Komponenten zugeordnet werden. Beim Betrachten der Pol-Figuren (Abb. 4.41 und 4.42) fallen auch leicht verschobene Maxima auf, die eigentlich im Zentrum der Figuren sitzen müssten. Unter diesem Gesichtspunkt können die La_2O_3 und Ce_2O_3 Texturen als verschobene α-Faser Orientierungen identifiziert werden. Maxima liegen hier bei $\{112\}<110>$ und $\{110\}<001>$ (La_2O_3) bzw. $\{111\}<112>$ (Ce_2O_3). Die ZrO_2-Legierung (Abb. 4.43b) besitzt somit eine klare α-Faser Textur mit den dafür charakteristischen Maxima bei

{001}<111>, {112}<110> und {110}<110>. Die beiden anderen Punkte liegen bei {001}<010> und {111}<011>.

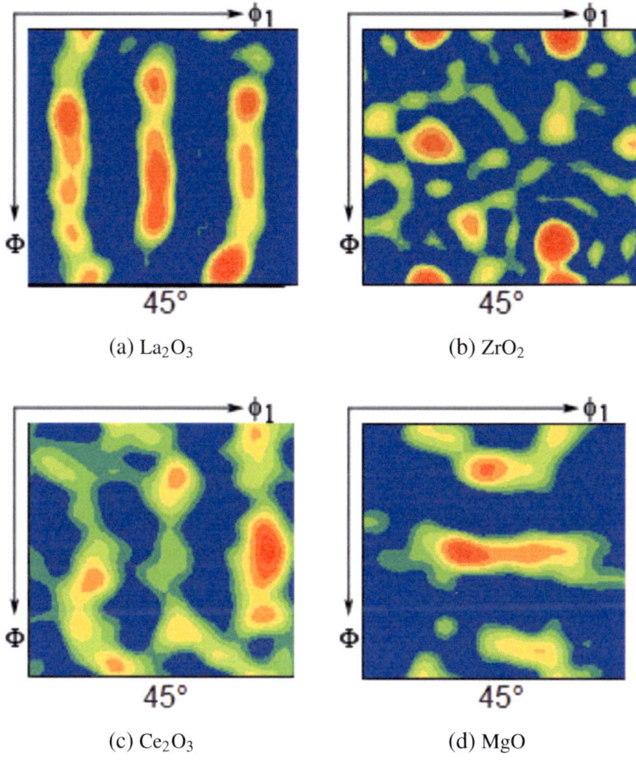

(a) La_2O_3 (b) ZrO_2

(c) Ce_2O_3 (d) MgO

Bild 4.43.: ODF Plots der verschiedene ODS-Materialien ($\varphi_2 = 45°$ Schnitt

4.2.2. Charakterisierung der Dispersoide

Die Legierungen wurden mit TEM charakterisiert. Die Probenpräparation war jedoch nicht bei allen Materialien möglich. Das im Rahmen dieser Arbeit angewandte Verfahren funktioniert durch elektrochemisches Dünnen von ca. 100 μm dicken Proben. Der Ätzangriff durch den Methanol-Schwefelsäure

Elektrolyt und die angelegte elektrische Spannung ist dabei strukturabhängig. Korngrenzen und Bereiche mit einer hohen Defektdichte (z. B. plastische Verformung) werden schneller geätzt. Durch die sehr feine Kornstruktur war großflächiges Dünnen nicht immer möglich. Es konnten bei allen Legierungen EDX-Spektren und HAADF-Bilder aufgenommen werden. Andere Verfahren wie Elektronen-Energieverlust-Spektroskopie (EELS) und HR-TEM stellen höhere Anforderungen an die Probengüte und konnten nur bei der Legierung mit La_2O_3 angewandt und zuverlässig durchgeführt werden.

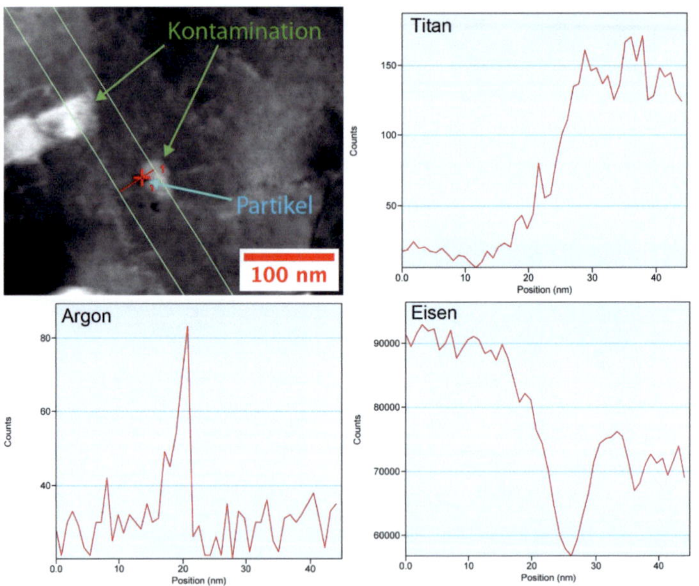

Bild 4.44.: TEM Analyse mit EELS und EDX Spektren eines Partikels in der La_2O_3-Legierung

Im Gefüge eingelagerte Partikel sind bei HAADF-Aufnahmen schwarz zu sehen. Weiße Strukturen sind häufig Verunreinigungen an der Oberfläche, die durch Aufladungseffekte und höhere Streuintensitäten einen hohen Kontrast haben. Der in Abb. 4.44 zu sehende schwarze Punkt ist also ein Partikel und der benachbarte weiße Fleck eine Oberflächenkontamination. Das lässt sich auch am EELS-Linienprofil von Eisen erkennen. Die Intensität nimmt nach dem Durchlaufen des schwarzen Partikels nicht mehr ihren Ursprungswert an, sondern bleibt durch die Kontamination abgeschwächt. Das Partikel selbst kann nicht genau bestimmt werden. Der Intensitätsverlauf von Titan lässt die Vermutung zu, dass es sich um ein Ti-O Partikel handelt. Ein klarer Beweis kann jedoch, auch mangels geeigneter Daten für Sauerstoff, nicht gefunden werden. Der Verlauf von Argon zeigt jedoch klar, dass sich an dieser Stelle auch ein Argonbläschen angesammelt hat. Im Energiespektrum finden sich häufig Überlappungen der Intensitätsmaxima einzelner Elemente. Dies ist bei bei Argon jedoch nicht der Fall, so dass mit den vorliegenden Daten dieses Bläschen sicher identifiziert werden kann. Durch die Produktion in Argon-Atmosphäre wurden hier feine Ansammlungen im Material eingeschlossen. Die Abb. A.1 im Anhang zeigt eine Struktur ähnlicher Größe, bei der es sich ganz klar um eine Titanausscheidung handelt. Auch der Verlauf des Sauerstoffs lässt dort die Interpretation als Titanoxid zu. Ausscheidungen, die Lanthan enthalten, konnten trotz mehrerer Scans an verschiedenen Partikeln bei den TEM Untersuchungen nicht beobachtet werden.

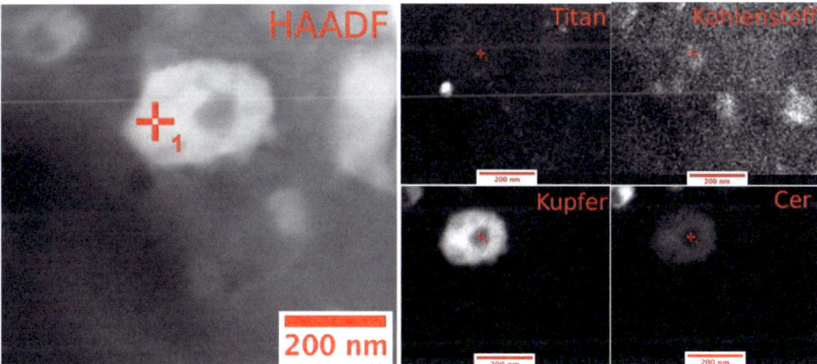

Bild 4.45.: Ti-O Partikel in der Ce_2O_3- Legierung

Die Abb. 4.45 zeigt ein Flächenmapping über einen ca. 500 x 500 *nm* großen Bereich. Der große, kupferhaltige Partikel ist aus den oben genannten Gründen eine Oberflächenkontamination und wird nicht weiter diskutiert. Auch die im Kohlenstoff-Mapping dargestellten Strukturen sind im HAADF-Bild hell zu sehen und somit an der Oberfläche. Ein kleiner schwarzer Partikel unterhalb des roten Kreuzes im HAADF-Bild wird als titanhaltig erkannt. Hierbei handelt es sich wahrscheinlich um eine Ti-O Ausscheidung. Sauerstoff ist bei der verwendeten Scan-Auflösung jedoch nicht sicher zu detektieren. Cer konnte auch nicht nachgewiesen werden. Durch die Überlagerung der Schalenübergänge im Röntgenspektrum von Cer und Cu entsteht auch im Cer-Mapping Kontrast. Eine klare Trennung der Elemente ist hier aber nicht möglich. Bei anderen TEM-Aufnahmen konnte Cer auch nicht beobachtet werden.

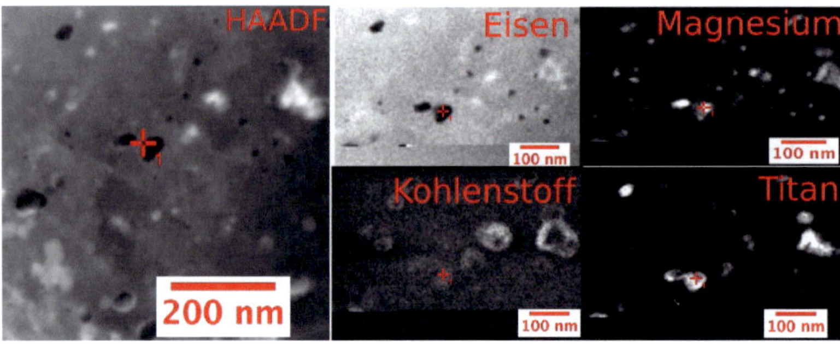

Bild 4.46.: Ti-Mg-O Partikel und Oberflächenkontamination (MgO - Legierung)

Die TEM-EDX-Messungen der MgO-Legierung sind in Abb. 4.46 dargestellt. Auch bei dieser Probe sind Oberflächenkontaminationen zu sehen (Kohlenstoff-Mapping). Die im HAADF und Eisen-Mapping sichtbaren schwarzen Flecken sind Ausscheidungen im Material. Sie können als Magnesium- und Titanhaltig charakterisiert werden. Die Intensitäten (Kontraste) der Mappings dieser beiden Elemente sind jedoch nicht deckungsgleich, was die Vermutung zulässt, dass es sich nicht um eine einzelne Mg-Ti-Phase handelt. Titan kann auch eine Schale um die Mg-Partikel gebildet haben. Die Auflösung des Scans lässt hierzu jedoch keine genaue

Aussage zu. Für Linienprofile über die Ausscheidungen stehen zu wenige Messpunkte für die Interpretation zur Verfügung (Abb. 4.47).

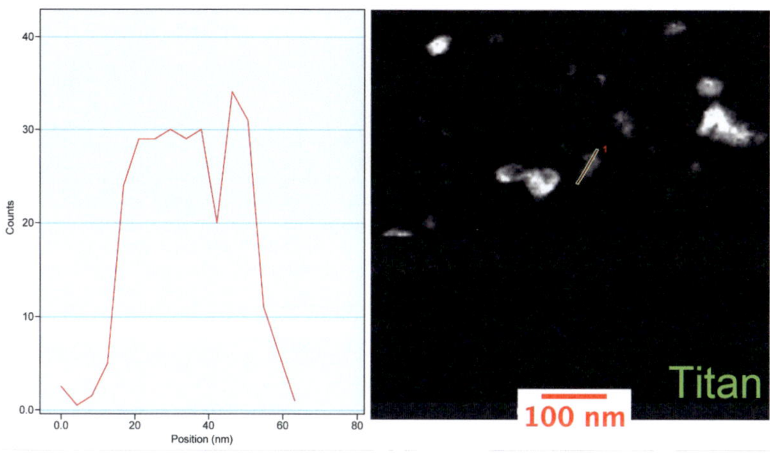

Bild 4.47.: Linienprofil über eine Mg-Ti Ausscheidung

4.2.3. Mechanische Eigenschaften

Die Ergebnisse der Zugversuche (Bild 4.48a und 4.48b) zeigen ein ähnliches Verhalten der Legierungen. Ein deutlicher Abfall der Zugfestigkeit über den getesteten Temperaturbereich ist bei allen Materialien zu beobachten. Im Vergleich mit der Referenzlegierung Fe-13Cr-1W-0.3Ti + Y_2O_3 besitzen jedoch alle anderen Legierungen eine geringere Festigkeit. Der Unterschied beträgt zwischen 100 (La_2O_3, ZrO_2, Ce_2O_3) und 200 MPa (MgO).

Die Gleichmaßdehnungen aller Legierungen bleiben von Raumtemperatur bis 400-500°C weitgehend auf einem gleichen Niveau zwischen 3 und 5 Prozent (siehe Abb. 4.48c und 4.48d) . Ab dieser Temperatur ist ein Anstieg der Dehnung für fast alle Legierungen zu beobachten. Die ZrO_2-Legierung bildet hier eine Ausnahme. Bei 700°C zeigt sich hier ein Abfall auf ca. 1 Prozent.

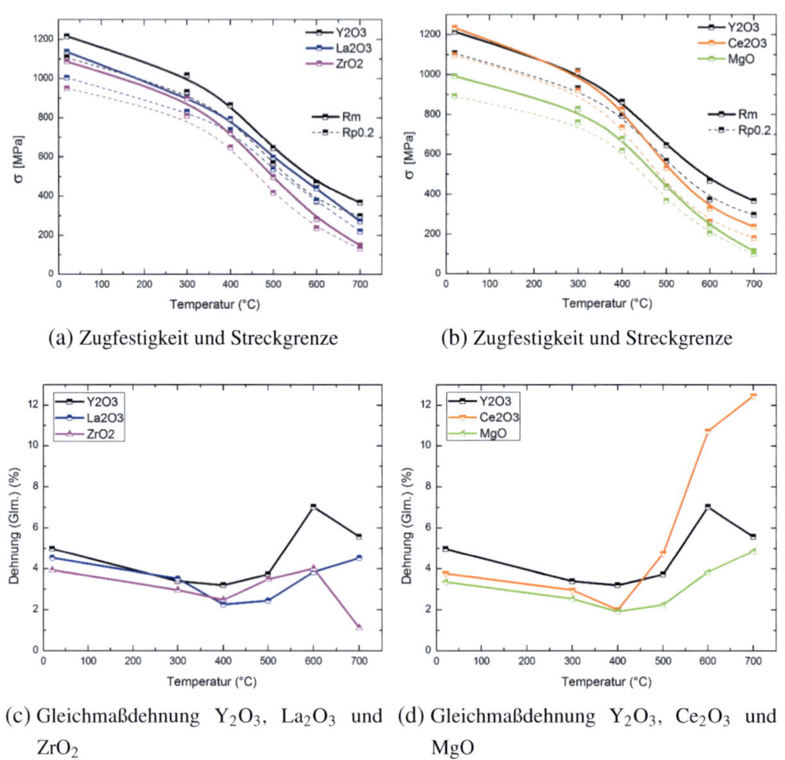

(a) Zugfestigkeit und Streckgrenze

(b) Zugfestigkeit und Streckgrenze

(c) Gleichmaßdehnung Y_2O_3, La_2O_3 und ZrO_2

(d) Gleichmaßdehnung Y_2O_3, Ce_2O_3 und MgO

Bild 4.48.: Ergebnisse der Zugversuche der Oxidvariation

Drastische Unterschiede finden sich jedoch im Bruchverhalten der einzelnen Legierungen nach dem Zugversuch. Zur besseren Übersicht ist ein Großteil der Bruchbilder nach den Zug- und Kerbschlag-Biegeversuchen im Anhang zu finden. Hier sind in Abb. 4.50 nur die Übersichtsaufnahmen der Bruchflächen nach einem Zugversuch bei Raumtemperatur zu sehen. Die mechanischen Eigenschaften werden zunächst für jede Legierung getrennt betrachtet:

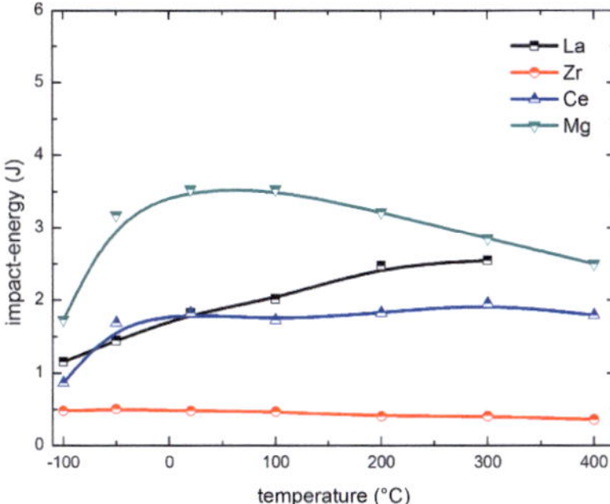

Bild 4.49.: Ergebnisse der Kerbschlag-Biegeversuche der Legierungen mit Oxidvariation (LS-Orientierung)

La$_2$O$_3$ ODS (Bild 4.50a)

Die Legierung zeigt bei Raumtemperatur ein deutliches Einschnüren der
Probe vor dem Bruch. Deutlich erkennbar ist auch die Walzstruktur der
Materials. Der Bruch ist entsprechend der Walzrichtung delaminiert und
auffacettiert. Die Detailaufnahme des Bruchbildes zeigt sprödes Werkstoffverhalten und einen interkristallinen Verlauf des Bruches. Auffallend sind
auch die Risse entlang der Lamellen, die tief in das Material hineinragen
(Bild 4.50a). Nach dem Versuch bei 600°C weist die Bruchfläche mehr
duktile Bruchanteile auf. Die Einschnürung ist noch vorhanden und die
Walzrichtung lässt sich aus dem Bild noch erahnen, insgesamt zeigt die
Bruchfläche jedoch mehr Verformung als bei Raumtemperatur. Die Bruch-
form kann allgemein als Teller-Tasse-Bruch beschrieben werden.

Die La$_2$O$_3$- Legierung erreicht die Hochlage von ca. 2.5 J erst bei 200-300°C.
Der Spröd-Duktil-Übergang ist nicht scharf ausgeprägt, sondern erstreckt
sich über einen weiten Temperaturbereich bis zu -100°C, wo das Material
noch 1 J Energie aufnimmt.

ZrO$_2$ ODS (Bild A.15a)

Die Legierung zeigt sprödes Bruchverhalten nach dem Zugversuch bei Raumtemperatur. Eine Delamination ist nicht zu erkennen und der Bruch verläuft nur entlang der Oberfläche. Vor dem Bruch kommt es kaum zur Einschnürung der Probe. In der Detailansicht (Bild A.15a) lässt sich eine Wabenstruktur mit interkristallinen Brüchen erkennen, die die ursprüngliche Kornstruktur erahnen lässt. Bei 600°C zeigt die Probe Risse quer zur Walzrichtung. In der Detailaufnahme lässt sich ein stärkerer Duktilbruchanteil erkennen.

Die Zähigkeit des Werkstoffes ist sehr schlecht. Auch bei Temperaturen von 400°C nimmt das Material kaum Energie auf. Eine Übergangstemperatur ist nicht erkennbar.

Ce$_2$O$_3$ ODS (Bild A.16a)

Die Legierung zeigt bei Raumtemperatur deutliche Delamination und Auffacettierung. Ein Riss entlang dieser Delaminationslamellen läuft tief in das Innere der Probe hinein (Abb. A.16a). Vor dem Bruch kam es zu Einschnürung der Probe. Die Detailaufnahme (Abb. A.16c) zeigt eine Bruchoberfläche mit Wabenstruktur und interkristallinem Rissfortschritt. In der Aufnahme des 600°C-Bruches (Abb. A.16b) ist das Stück eines Teller-Tasse-Bruches zu sehen. In der Detailaufnahme ist die Wabenstruktur weitgehend verschwunden.

Bei den Kerbschlagbiegeversuchen ist ein Spröd-Duktil-Übergang bei unter -50°C zu sehen. Bei Raumtemperatur befindet sich das Material in der Hochlage und nimmt eine Kerbschlagarbeit von fast 2 J auf.

MgO ODS (Bild A.17a)

Die Legierung zeigt bei Raumtemperatur Einschnürung und Delamination. Das Bruchverhalten der MgO ODS-Legierung unterscheidet sich von dem der vorhergehenden Materialien durch die gröbere Wabenstruktur (Abb.

A.17c). Beim Bruchbild des 600°C Versuchs ist keine Einschnürung zu erkennen. Das Bruchbild ist glatt und zeigt kaum Verformung. Dies zeigt auch die Detailaufnahme, bei der die Struktur eines Trennbruchs vorhanden ist. Die Trennbruchlinien sind auf Grund der kleinen Korngröße jedoch schlecht sichtbar.

Die MgO-Legierung weist die höchste Kerbschlag-Zähigkeit von allen in diesem Abschnitt untersuchten Legierungen auf. Der Spröd-Duktil-Übergang liegt unterhalb von -100°C und die Hochlage erreicht bis zu 3.5 J.

4.2.4. Diskussion

La_2O_3- ODS

In der La_2O_3- Legierung konnten keine lanthanhaltigen Oxidcluster beobachtet werden. Die chemische Analyse zeigt jedoch, dass sich ca. 0.16 Gew.% im Material befinden. Bei den TEM-Scans wurden nur sehr kleine Partikel (< 50 nm) untersucht. Sollten die Ausscheidungen größer sein, sind sie leicht zu übersehen. Zum anderen bedeuten 0.16 Gew.% auf Grund der großen Atommasse nur einen kleinen Volumenanteil für Lanthan. Durch diesen geringen Volumenanteil ist die Steigerung der Festigkeit auch geringer als in der Y_2O_3 Referenzlegierung. Die Differenz der Atommasse zwischen Yttrium und Lanthan beträgt ca. 50 u (mehr als 60 % Differenz) [48]. Das Fe-La Phasendiagramm (Abb. 4.51) zeigt, dass Lanthan unlöslich in Eisen ist und damit als Bildner von ODS-Teilchen geeignet wäre.

Die Festigkeitssteigerung wird nicht nur durch mögliche La_2O_3- Cluster gesteigert, sondern auch durch die in den TEM-Aufnahmen gefundenen Ti-O-Komplexe. In ferritischen ODS-Legierungen wird Titan zugesetzt, um eine feinere Oxidverteilung zu erreichen. Marquis [74] und Arbeitsgruppen in Frankreich um Ratti et al. [75] haben bereits darüber berichtet. Auch hier wurden titanhaltige Nanocluster gefunden. Die wirkliche Rolle von Titan in der Bildung von ODS-Teilchen ist jedoch noch nicht ganz verstanden, da die Größe der Strukturen im Nanometer-Bereich (< 1-2 nm) Beobachtungen

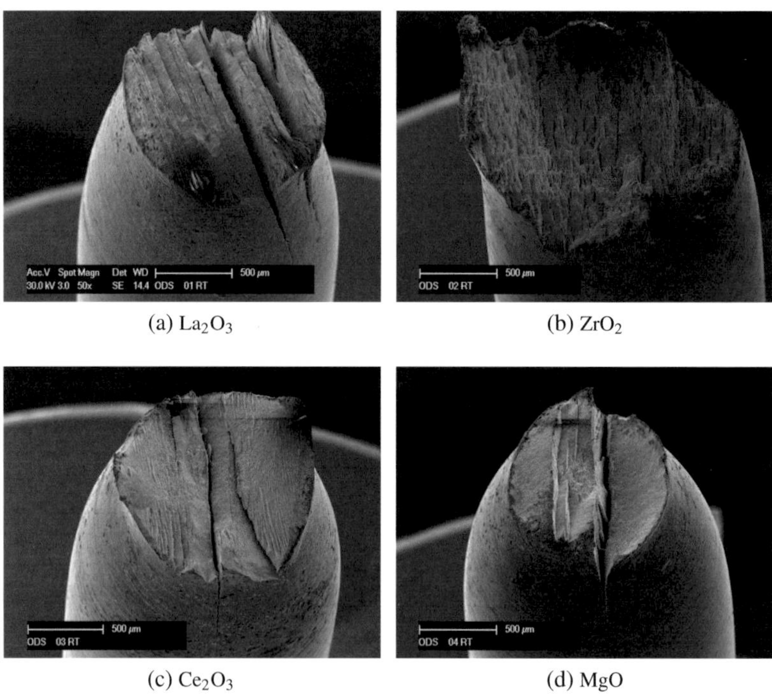

(a) La_2O_3 (b) ZrO_2

(c) Ce_2O_3 (d) MgO

Bild 4.50.: REM Aufnahmen der Bruchflächen nach Zugversuchen bei Raumtemperatur an den verschiedenen Legierungen

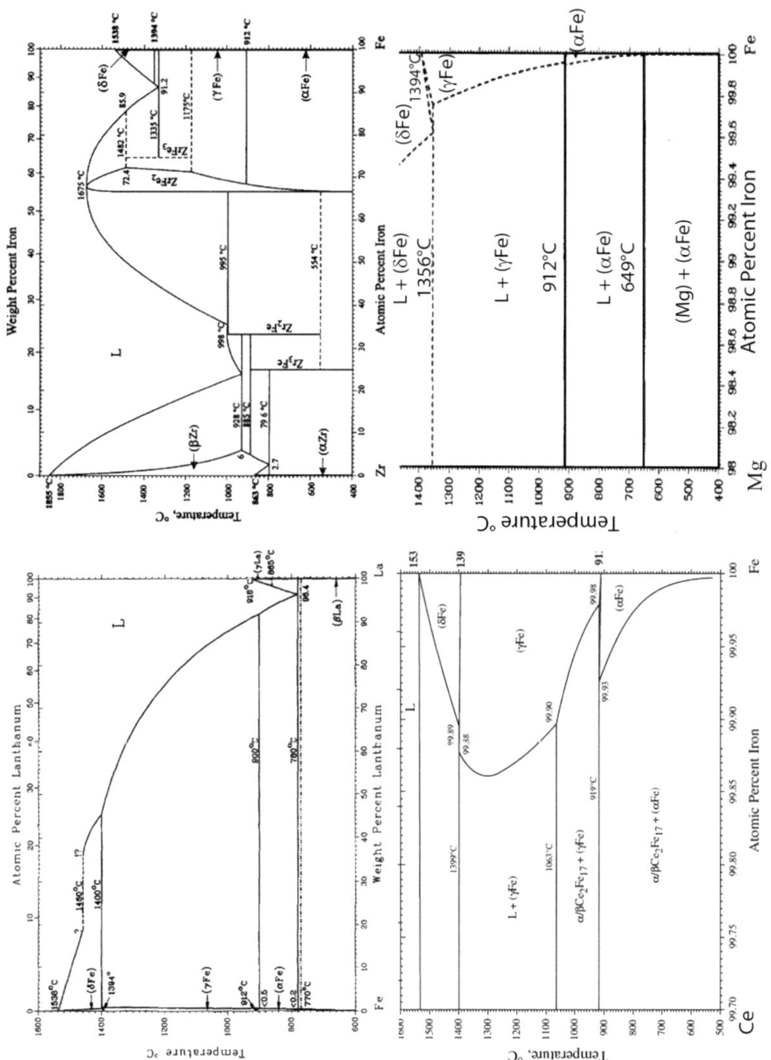

Bild 4.51.: Phasendiagramme der (Oxid) Elemente und Eisen [70, 71, 72, 73]

erschweren. Ob Titanausscheidungen die Ansammlung von anderen großen Atomen wie Yttrium oder Lanthan begünstigen[76] oder das Wachstum behindern[75], kann hier nicht geklärt werden. Fortschritte in der Atom Probe Tomography können hier aber wahrscheinlich in naher Zukunft für Klärung sorgen. Die von Oksiuta [76] beobachteten großen TiO_2- Ausscheidungen > 50 nm konnten hier im Material nicht nachgewiesen werden. Die Auffacettierung und Delamination der Brüche wird durch die langgestreckte Mikrostruktur verursacht. Die zu Grunde liegenden Mechanismen wurden bereits in Abschnitt 4.1.4 diskutiert.

Die Mikrostruktur kann aus dem geringen La_2O_3- Volumen der Legierung resultieren. Körnern mit niedrigerer Nanocluster-Dichte können sich leichter verformen und werden größer. Diese Vermutung kann aus den vorhandenen TEM-Daten jedoch nicht vollständig belegt werden, da die Statistik der betrachteten Körner dazu nicht ausreicht. In den EBSD-Kernel-Average-Misorientation-Maps, werden die Bereiche mit großer Korngröße allerdings als weitgehend frei von plastischer Deformation und in einem erholten Zustand gezeigt (Abb. A.9). Das bestätigt die Vermutung.

Die guten Zähigkeitswerte sind von diesen langgestreckten Körnern dominiert. Sie nehmen mehr Energie auf als die nicht erholten, kleinen Körner. Obwohl im Allgemeinen ein feinkörniges Gefüge für gute Zähigkeitswerte ideal ist, trifft das hier nicht zu. Die kleinen Körner sind nach wie vor behaftet mit einer hohen Defektdichte (siehe KAM-Map A.9) und können sich daher kaum verformen. Dies entspricht dem Verhalten eine kaltverformten und -verfestigten Legierung. Die scharfe α - Faser-Textur passt zu den mechanischen Eigenschaften. Diese Art von Textur bewirkt ebenfalls eine starke Anisotropie und Verfestigung in Walzrichtung. Ein weiterer Zuwachs der Festigkeit tritt durch die feine Mikrostruktur auf. Nach der Hall-Petch-Beziehung bewirkt die feinkörnige Struktur eine Behinderung der Versetzungsbewegung und damit eine Festigkeitssteigerung.

Die von Kasada et al. [77] berichteten Richtungsabhängigkeiten in Zug- und Kerbschlag-Biegeversuch könnten hier wahrscheinlich auch beobachtet werden. Auf Grund der geringen Menge an Probenmaterial war das jedoch nicht möglich.

ZrO$_2$- ODS

Beim Material mit ZrO$_2$ als Oxidzusatz schlug die vollständige Kompaktierung während des Herstellungsprozesses fehl. Dies zeigt sich deutlich in den Dichtemessungen, aber auch in den FIB-Gefügeaufnahmen mit den sichtbaren Mikroporen. Diese Tatsache machte eine Probenvorbereitung für das TEM auch fast unmöglich. Mittels der im Rahmen dieser Arbeit angewandten elektro-chemischen Dünnung der Proben lassen sich keine verwertbaren Proben herstellen. Die Vermutung, dass grobe Ausscheidungen an den Korngrenzen für die schlechten, mechanischen Eigenschaften verantwortlich sind, lassen sich bis jetzt nicht vollständig beweisen. Ein Versuch zur Auger-Elektronen-Spektroskopie schlug fehl, da beim Brechen der Probe in der Kammer des Mikroskops die Poren im Material zum Einbruch des Hochvakuum führten. Somit waren keine zuverlässigen Messungen möglich. Die chemischen Analysen bestätigen allerdings, dass ZrO$_2$ im Material vorhanden ist. Das Phasendiagramm zeigt bei der Menge an zugesetztem Zirkonium eine vollständige Löslichkeit im Fe-Mischkristall (Abb. 4.51). Die Bildung von Ausscheidungen wird dadurch erschwert.
Die schlechten mechanischen Eigenschaften dieser Legierung bei den KSBV lassen sich ebenfalls mit den Poren im Material erklären. Die Zugfestigkeit ist auf Grund von gespeicherter Verformung im Material nach dem Walzen und vor allem durch kleine Korngröße besser als bei anderen Materialien. Die Poren führen wiederum zu einer schlechten Gleichmaßdehnung. Die Komponenten der Textur des Materials sind zwar deutlich voneinander abgegrenzt, weisen aber eine niedrige Gesamtintensität auf (Abb. 4.41). Die Orientierungsverfestigung spielt hier also eine untergeordnete Rolle.

Ce$_2$O$_3$- ODS

Durch die chemische Analytik und TEM-Untersuchungen konnte kein Cer in der Legierung nachgewiesen werden. Gründe hierfür können nicht eindeutig identifiziert werden. Durch die höhere Dichte des zugesetzten Ce$_2$O$_3$-Pulvers gegenüber den anderen variierten Dispersoiden kann es beim mechanischen Legieren schon zum Verlust gekommen sein. Falls sich Pulverreste im Einfüllbereich oder in den Flaschen festsetzen, wirkt sich das bei solch geringen Mengen gravierend aus. Die Konzentration kann so unter die Nachweisgrenze von 0.05% fallen. Die Tatsache, dass im Fall von La$_2$O$_3$ auch nur eine Konzentration von ca. 0.1% vorliegt, macht deutlich, wie nahe die hier auftretenden Konzentrationen an der Nachweisgrenze sind. Das Phasendiagramm (Abb. 4.51) mit der Unlöslichkeit von Cer zeigt jedoch, dass Cer ODS-Partikel grundsätzlich möglich sind.

Die Festigkeit des Materials wird also zum einen durch die feine Kornstruktur bestimmt, zum anderen aber auch durch die im TEM beobachteten Ti-O-Verbindungen. Die Konzentration von 0.16% Kohlenstoff macht auch die Bildung von Titankarbiden möglich. Diese wirken ähnlich wie bei stabilisierten, austenitischen Stählen.

In der Ce$_2$O$_3$- Legierung können wenige, große Körner gefunden werden. Diese sind, wie auch schon bei anderen Materialien beobachtet, im erholten Zustand. Der Volumenanteil an Feinkorn mit gespeicherter Verformungsenergie ist jedoch höher als bei allen anderen Legierungen (Abb. A.9). Das wird als Hauptgrund für die hohe Festigkeit identifiziert. Auch die schwächeren Zähigkeitswerte stehen damit im Zusammenhang. Das Ce$_2$O$_3$- Material weist mit 1.6 die geringste Intensität der Textur auf (4.42). Die thermomechanische Behandlung findet bei Temperaturen von 1100°C - 1150°C statt. Dieser Temperaturbereich liegt in der Nähe der Zersetzungstemperatur von Titanoxid und -nitrid-Ausscheidungen in Alpha-Eisen [78]. Bei dieser Temperatur kann die vorhandene Menge Titan (0.247%) in der Legierung vollständig gelöst werden [79].

Während des Umformens sind also keine Ausscheidungen vorhanden, sie bilden sich erst wieder beim Abkühlen.

MgO - ODS

Die Struktur der MgO - Legierung unterscheidet sich deutlich von den anderen Materialien. Auffällig ist vor allem die gröbere Kornstruktur. In der KAM (Abb. A.9) sieht man, dass es sich um eine erholte Kornstruktur mit wenigen Subkorngrenzen innerhalb des Gefüges handelt. Die Walztextur mit einer dominanten γ - Faser spricht auch für ein Gefüge nach Polygonisation. Raabe et. al. [40] haben bereits 1994 detaillierte Analysen der Texturen von krz-Materialien veröffentlicht und berichten hier ähnliche Intensitätsverläufe der ODF Funktion Abb. 4.43). Die absoluten Intensitäten sind im Vergleich zu den anderen untersuchten Materialien jedoch geringer. Die Festigkeitssteigerung durch die Mg-Ti-O Komplexe ist also nicht so groß. Die Bildung und Phasen der Oxide können jedoch aus den hier vorhandenen Daten nicht vollständig beschrieben werden. Magnesium ist in Eisen bei Raumtemperatur unlöslich.

Die Magnesium- und Titananreicherungen scheinen auf Grund der räumlichen Trennung in den EDX Scans (Abb. 4.46) bei den erkannten Nanoclustern nicht in einer einzelnen Phase kristallisiert zu sein. Titan kann dabei als energetisch günstige Senke im Gefüge dienen und Mg-Atome anlagern. Die Daten lassen sich aber auch so interpretieren, dass Titan eine Schale um die Mg-Ansammlungen bildet. Aber auch hierzu sind noch weitere Untersuchungen nötig.

Die Ausscheidungen sind mit ca. 50 nm Durchmesser sehr groß im Gegensatz zu konventionellen (Y_2O_3) ODS-Teilchen. Die Ursache ist wahrscheinlich in der Größe der Atome zu suchen. Während Yttrium, Lanthan und Cer Atomradien von ca. 200 bis 250 pm besitzen, liegt Mg mit 145 pm deutlich darunter[80]. Mg-Atome können leichter in der Eisen-Matrix diffundieren und die Ostwald-Reifung setzt bereits bei niedrigen Temperaturen ein.

Die Festigkeit im Zugversuch kann mit der Hall-Petch-Beziehung abgeschätzt werden und ist entsprechend der gröberen Korngröße auch ein wenig
niedriger als bei den Legierungen ($\Delta\sigma_{rm} \approx 150$ MPa bei RT). Die Warmfes-
tigkeit bei MgO ist um Größenordnungen (300 MPa bei 700°C) niedriger
als bei der Y_2O_3-Legierung. Bei höheren Temperaturen werden die Oxide
vergröbern und große Ausscheidungen bilden. Diese haben keine festigkeits-
steigernde Wirkung mehr, sondern schwächen das Gefüge. Daher auch die
geringe Duktilität, selbst bei 700°C. Die Kombination aus einem weichen
und gleichzeitig nicht ausreichend duktilen Gefüge macht die Legierung
unbrauchbar für Hochtemperaturanwendungen.

4.3. Legierungen mit erhöhter Korrosionsbeständigkeit (Fe13Cr + xAl)

4.3.1. Validierung des Herstellungsprozesses

Die aluminiumhaltigen ODS-Legierungen vom Typ Fe-Al-ODS sind ebenfalls durch mechanisches Legieren hergestellt worden. Zusätzlich zum vorlegierten, ferritischen Pulver Fe-13Cr-1W-0.3Ti wurde $FeAl_3$ und Fe_3Y vor
dem Mahlprozess hinzugefügt. Da dieser Ansatz neu war und keine Er-
fahrungswerte vorhanden waren, wurde der Herstellungsprozess detailliert
untersucht. Die Mikrotomie-Dünnschnitte zeigen im TEM eine inhomogene

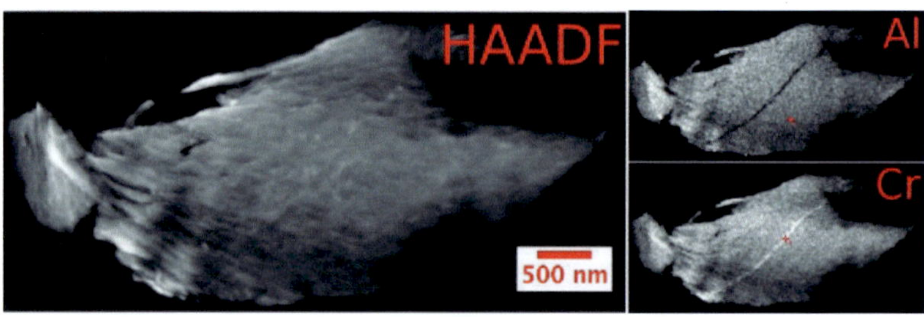

Bild 4.52.: HAADF/EDX TEM Bilder der 2% Al ODS-Legierung

158

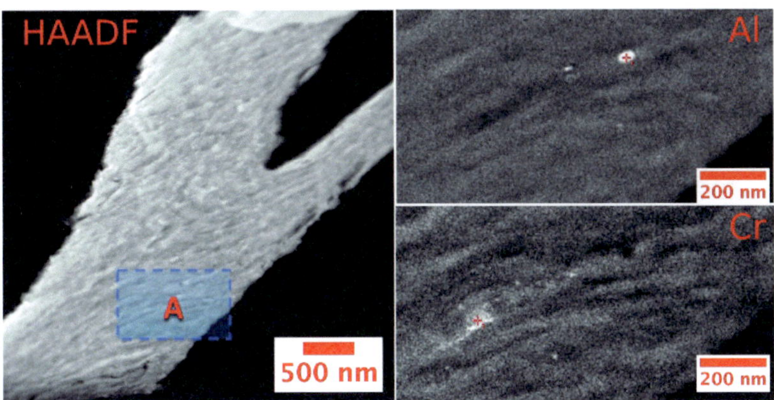

Bild 4.53.: HAADF/EDX TEM Bilder der 3% Al ODS-Legierung

Verteilung der Elemente. Abb. 4.52 zeigt die Verteilung von Aluminium und Chrom in einem ca. 4 μm großen Pulverpartikel. Es sind dabei An- und Abreicherungen von Aluminium zu erkennen. Die dunkle Linie quer durch das Partikel zeigt eine Verarmung der Legierungselemente und einen höheren Gehalt an Chrom. Einzelne lokale Aluminiumanhäufungen sind ebenfalls zu erkennen. Mit zunehmendem Al-Gehalt nimmt auch der Anteil an inhomogen verteilten Elementen zu. Abb. 4.53 zeigt die Elementverteilung mit zugesetzten 3%Al. Mit zunehmendem Al-Anteil wurden auch weitere Pulver wie Chrom und TiH$_2$ zugegeben. Das homogene Vermischen der insgesamt fünf verschiedenen Pulver (Fe-13Cr-1W-0.3Ti , Fe$_3$Y, FeAl$_3$, Cr und TiH$_2$) ist auch mit sehr hoher Mahldauer unwahrscheinlich. Da die Löslichkeit von Al, Cr und Ti in der Fe-Legierung jedoch sehr hoch ist, kann davon ausgegangen werden, dass sich während der weiteren thermo-mechanischen Behandlung der Materialien ein Gleichgewicht und eine homogene Verteilung einstellt. Die Ergebnisse der chemischen Analyse (Tabelle 4.6) belegen dies auch, da zwischen mehreren Messungen am gleichen Material die Schwankungen der verschiedenen Elemente gering waren.

Die chemischen Analysen der Legierungen sind in Tabelle 4.6 dargestellt.

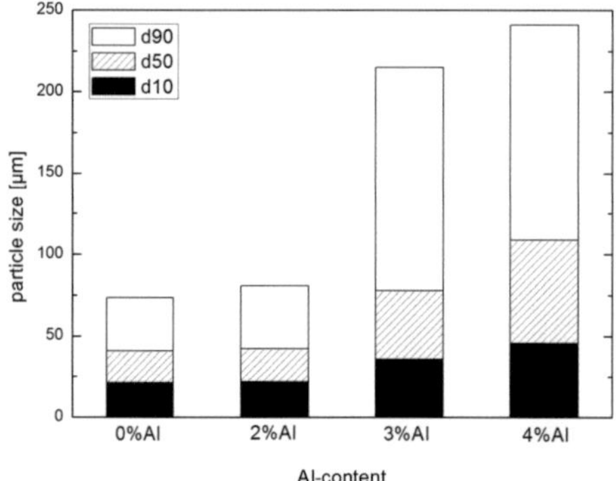

Bild 4.54.: Pulver-Partikelgrößenverteilung in Abhängigkeit des Al-Gehaltes

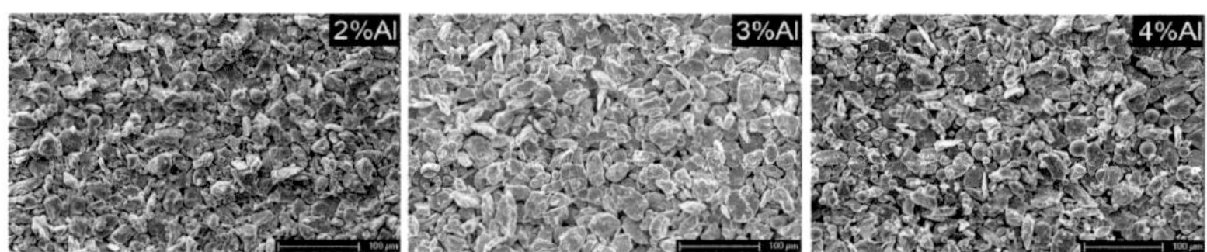

Bild 4.55.: Kleinste Fraktion (<25μm) der Al-ODS-Legierungen

Bild 4.56.: Größte Fraktion (>53μm) der Al-ODS-Legierungen

Bild 4.57.: ICCI Aufnahmen der Mikrostruktur der Al-ODS-Legierungen (T-Orientierung

Es lässt sich erkennen, dass die Variation des Al-Gehaltes erfolgreich war. Die Al-Gehalte entsprechen zwar nicht exakt den Vorgaben (2.55% statt 2%Al etc.), bei der Legierungsherstellung werden jedoch grundsätzlich Zielwerte mit ±0.5% für Hauptlegierungselemente angegeben. Damit liegen die Anteile der Legierungselemente im Rahmen der Spezifikationen. Durch die Zugaben von elementarem Pulver konnte der Chromgehalt sogar weitgehend konstant gehalten werden.

Element in Gew.%	2%-Al	3%-Al	4%-Al
Fe	bal.	bal.	bal.
Cr	12.1	12.1	12.2
Al	2.55	3.4	4.64
W	0.977	0.953	0.929
Ti	0.202	0.207	0.208
Y	0.202	0.179	0.218
C	0.094	0.1	0.094
O	0.118	0.144	0.146

Tabelle 4.6.: Zusammensetzungen der hergestellten Al-ODS-Legierungen (Chemische Analytik - IAM-AWP)

Die Partikelgrößenverteilung ändert sich mit zunehmendem Al-Gehalt. Die Partikel werden umso gröber, je mehr Aluminium zugesetzt wird (Abb. 4.54). Um die Auswirkungen des mechanischen Legierens in Abhängigkeit von der Partikelgröße zu untersuchen, wurden die Pulver nach dem Mahlen gesiebt. Man hat sich hier für 3 verschiedene Fraktionen entschieden, die durch das Sieben mit 25 μm und 53 μm Maschenweite entstanden sind. Diese Bestandteile wurden getrennt voneinander elektronmikroskopisch untersucht. In Abb. 4.55 sind REM-Bilder der mechanisch legierten Pulver zu sehen. Gezeigt sind hier Bilder nach dem Sieben mit 25μm Maschenweite. Die rot gekennzeichneten Pulverpartikel haben noch eine sphärische Form und sind während des Mahlprozesses nicht legiert worden. Ein Kontakt mit den Mahlkugeln oder dem Rotor hätte die Partikel verformt. Betrachtet man in Abb. 4.56 die Übersichtsaufnahmen der größten Fraktion (>53 μm), so erkennt man, dass alle Partikel verformt worden sind. Die Partikel haben die Form von platten Flakes mit rauen Kanten, die durch die Kaltverformung während des mechanischen Legierens entstanden sind.

Nach dem HIPen und Heißwalzen wurden Mikrostrukturaufnahmen mit dem FIB gemacht (Abb. 4.57). Die Korngrößenverteilung ist homogen und es sind keine einzelnen, langgestreckten Körner zu erkennen. Manche Bereiche erscheinen zwar langgestreckt, sie sind jedoch in einzelne, durch Groß- und Kleinwinkelkorngrenzen geteilte, gleichachsige Körner unterteilt. Die mittlere Korngröße liegt im Bereich von 2 -5 μm.

4.3.2. Mechanische Eigenschaften

Die Ergebnisse der Zugversuche an den Al-ODS-Legierungen sind in Abb. 4.58 dargestellt. Sie zeigen einen fast gleichen Verlauf der Ausgleichskurven durch die Messwerte. Die Zugfestigkeiten und Streckgrenzen der einzelnen Legierungen sind bei Raumtemperatur über einen Bereich von ca. 80 MPa verteilt. Bemerkenswert ist die Tatsache, dass die Legierung mit dem größten Anteil an Aluminium die größte Festigkeit zeigt. Erwartungsgemäß sollte mit steigendem Aluminiumanteil die Festigkeit abfallen. Das Gegenteil ist jedoch hier der Fall. Dieses Verhalten bleibt bis 500°C erhalten. Im Hochtemperaturbereich von 500°C bis 700°C verhalten sich die Legierungen nahezu gleich.

Der oben erwähnte Festigkeitsabfall tritt beim Vergleich mit der Referenzle-gierung (0%Al) hervor. Die mechanischen Kennwerte liegen dort um mehr als 300 MPa höher (bei Raumtemperatur) und immer noch ca. 200 MPa über den Al-haltigen Legierungen bei einer Prüftemperatur von 700°C. Als wichtiges Ergebnis ist hervorzuheben, dass die Al-ODS-Legierungen im Hochtemperaturbereich (> 500°C) eine vom Aluminiumgehalt weitgehend unabhängige Festigkeit besitzen. Der Festigkeitsabfall ist auch bei den Härte-

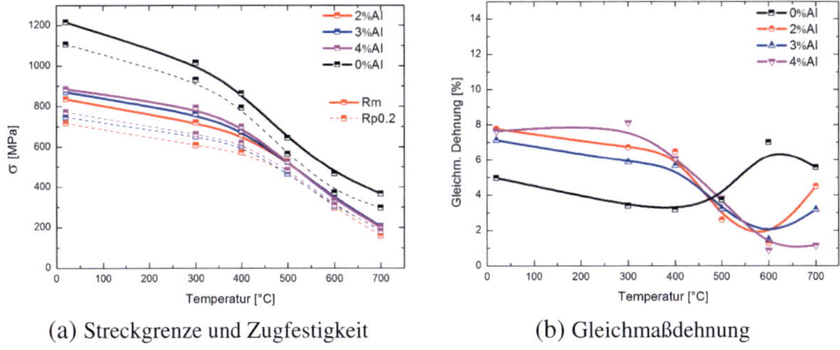

(a) Streckgrenze und Zugfestigkeit

(b) Gleichmaßdehnung

Bild 4.58.: Ergebnisse der Zugversuche der Al-ODS-Legierungen

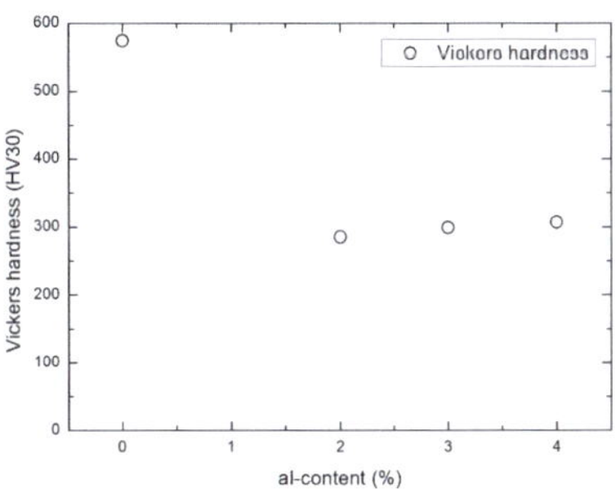

Bild 4.59.: Vickershärte der Al-ODS und Referenzlegierung

messungen in Abb. 4.59 zu sehen, wo ein Abfall von fast 50% zu verzeichnen ist.

Die Gleichmaßdehnung (Abb. 4.58b) nimmt mit zunehmender Temperatur ab. Bei 700°C nimmt diese jedoch wieder zu. Dieses Verhalten zeigen alle Al-ODS-Legierungen. Die Legierung ohne Aluminium weist eine geringere Gleichmaßdehnung auf, zeigt aber eine erneute Zunahme ab 500°C Prüftemperatur.

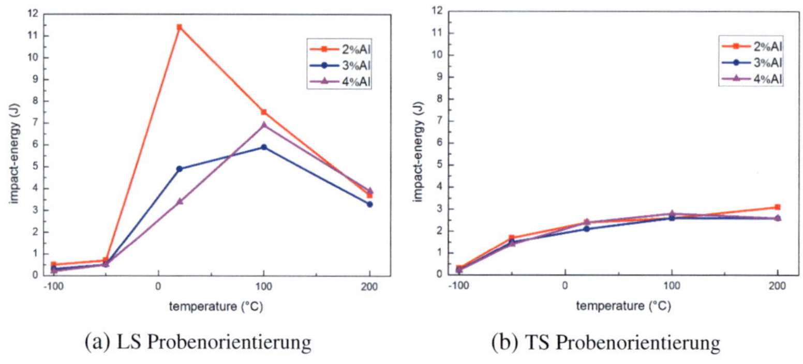

(a) LS Probenorientierung   (b) TS Probenorientierung

Bild 4.60.: Ergebnisse der Kerbschlagbiegeversuche der Al-ODS-Legierungen

Die Legierungen zeigen bei Kerbschlagbiegeversuchen ein von der Probenorientierung abhängiges anisotropes Verhalten. So werden in LS-Orientierung (Abb. 4.60a) höhere Werte für die Kerbschlagarbeit erreicht als in TS-Richtung (Abb. 4.60b). Der Spröd-Duktilbruch-Übergang liegt im Bereich zwischen 0°C und -50°C. Der Wert von 11.5 J für die 2%Al-Legierungen bei Raumtemperatur ist mehr als doppelt so hoch wie bei den anderen Materialien. Hierbei könnte es sich um einen Ausreißer bei der Messung handeln. Mangels weiteren Probenmaterials konnten allerdings keine weiteren Versuche durchgeführt werden. Die Materialien, die in TS-Orientierung getestet wurden, verhalten sich alle (im Rahmen der Messungenauigkeit) gleich und zeigen einen wenig ausgeprägten Spröd-Duktil-

Übergang. Die Ursache liegt auch in der geringen Kerbschlagzähigkeiten der Hochlage von nur 2.5 - 3 J.

4.3.3. Trockenoxidation

Abbildung 4.61 zeigt die Ergebnisse der Auslagerungsversuche mit den Al-ODS-Legierungen in synthetischer Luft. Die kleinen Schwankungen und Ausschläge der Kurve im Bereich zwischen 0 und 2500 Minuten bei 2%Al sowie zwischen 0 und 800 Minuten bei 0% sind Erschütterungen der Thermo-Waage, die durch Vibrationen im Raum oder Gebäude entstanden sind und werden deshalb nicht weiter diskutiert.

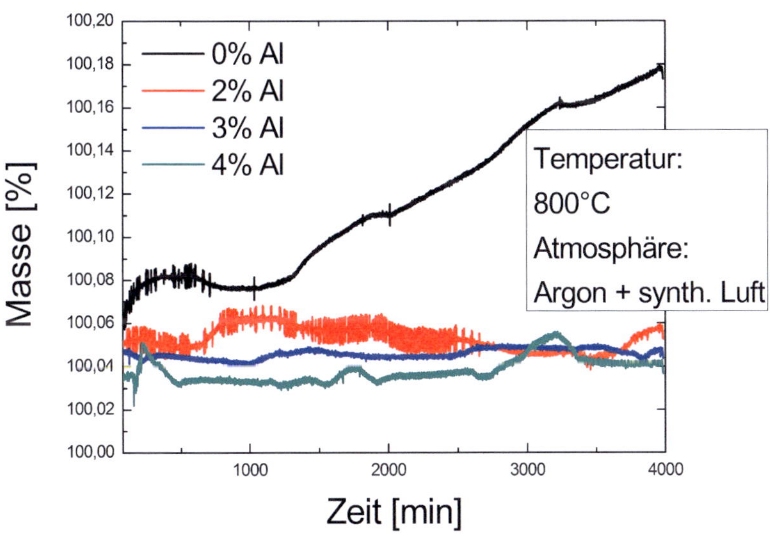

Bild 4.61.: Verlauf der Massenänderung beim Auslagern der Al-ODS-Legierungen

Die Kurven zeigen einen ähnlichen Verlauf für alle Al-ODS-Legierungen. Am Anfang bildet sich eine stabile, aluminiumhaltige Oxidschicht an der Oberfläche und verhindert den weiteren Angriff des Materials. Diese Schicht ist für Sauerstoff undurchlässig.

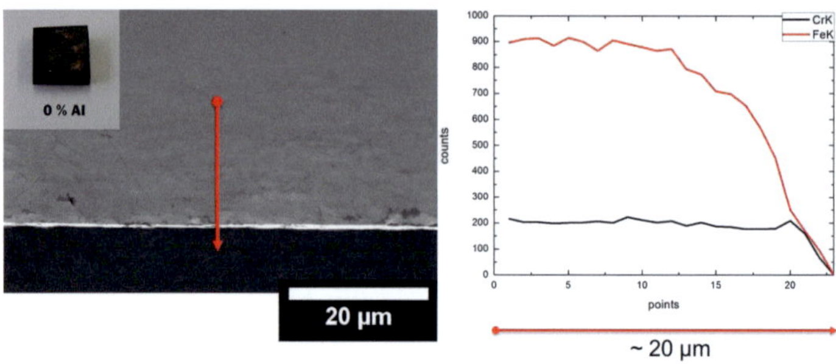

Bild 4.62.: EDX Linescan der 0%Al-Legierungen

Bei der Probe ohne Aluminium kam es zu einem stetigen Aufwachsen einer Oxidschicht, die das Material jedoch nicht schützt.

In Abb. 4.62 ist das Referenzmaterial nach der Oxidation, sowie ein EDX-Linescan über einen Querschliff dargestellt. Zur Randschicht hin nimmt der Chrom-Gehalt zu. Dies ist ein Hinweis auf eine chromhaltige (Cr_2O_3) Randschicht. Die Probe ist mit einer schwarzen, dicken Schicht belegt. Bei der Legierung mit 4%Al zeigt sich ein anderer Verlauf der Elementkonzentrationen über dem Linescan (Abb. 4.63). In der Randschicht nehmen sowohl Eisen, als auch Chrom ab. Es hat sich eine Aluminiumoxid-Schicht (Al_2O_3) gebildet. Die Probe ist nur dünn mit dieser Schicht belegt, da man ein goldenes Schimmern erkennen kann und die Probenkennzeichnung noch nicht überwachsen ist.

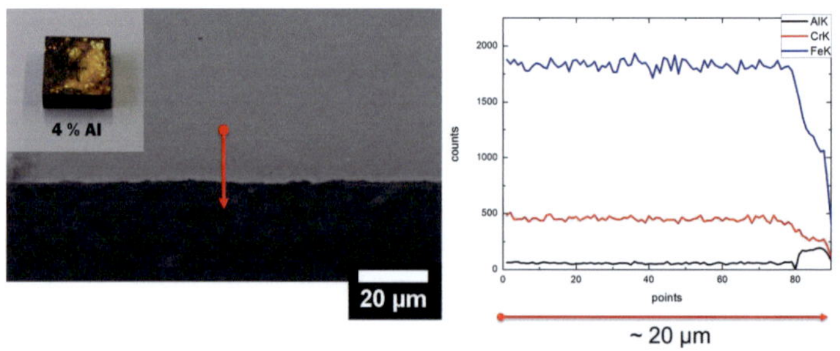

Bild 4.63.: EDX Linescan der 4%Al-Legierungen

4.3.4. Diskussion

Um eine homogene Kornstruktur und Verteilung der Dispersionsoxide zu gewährleisten, muss das gesamte Pulver legiert werden. Die vielfach in der Literatur diskutierte bimodale Kornstruktur [6] kann ein Resultat dieser ungleichmäßigen Verteilung sein. Diese Untersuchungen sind vor allem im Hinblick auf die Produktion von ODS-Legierungen im größeren Maßstab wichtig. So kann durch Aussieben bestimmter Pulvergrößen während oder vor dem Produktionsprozesses die Effektivität gesteigert werden. Anhand der chemischen Analyse lässt sich erkennen, dass der Produktionsprozess erfolgreich war. Die intermetallischen Phasen sind chemisch weniger stabil als entsprechende Oxidverbindungen. Durch diese Tatsache lässt sich die Mahldauer des mechanischen Legierens weiter verkürzen, da die Zeit bis zur vollständigen Lösung der Pulverzusätze kürzer ist. Dies zeigen auch die Ergebnisse der Extrusionsversuche. Hier wurden die Pulver nur 40 Stunden gemahlen. Es konnten aber dennoch gute mechanische Eigenschaften und eine homogenere Mikrostruktur gegenüber früheren Versuchen [6] erreicht werden. Kürzlich veröffentlichte Atom Probe Tomographie Arbeiten von Williams et al. [81] belegen auch, dass die Zusammensetzung der Dispersionsoxide nicht davon abhängt ob Y_2O_3 oder Fe_3Y vor dem mechanischen Legieren zugegeben wurde.

Die Referenzlegierung ohne Aluminium bildet an der Oberfläche schon bei Temperaturen von 200°C- 400°C eine dünne Cr_2O_3- Schicht. Das Wachstum dieser Schicht endet, sobald sie flächendeckend auf der Oberfläche ist. Es wird durch das feinkörnige Gefüge und die entsprechend hohe Korngrenzendiffusion begünstigt und beschleunigt [82]. Im Bereich der Versuchstemperaturen wächst auf die Cr_2O_3- Schicht nun eine weitere eisenhaltige Oxidschicht auf. Durch Fe^{3+} - Ionen, die aus dem Werkstoff diffundieren, wächst diese Schicht immer weiter. Das Wachstum stoppt nicht, da sowohl Cr_2O_3, als auch Fe_2O_3 die Diffusion nicht vollständig unterbinden [82]. An der Oberfläche der Al-ODS-Legierungen haben sich stabile Al_2O_3-

Oxide gebildet. Die Kurven für die Al-ODS-Legierungen bestätigen die Messungen von Jesefsson et. al [83], die bereits Versuche an konventionellen Fe-Cr-Al-Werkstoffen durchgeführt haben. Auch sie konnten nach einem Anfangswachstum nur sehr geringe (> 0.01%) weitere Massenzunahmen feststellen. Die Literatur berichtet zwar, dass die Bildung parabolisch verläuft [84], dieser Verlauf ist aber in den vorhanden Messdaten nicht zu erkennen, da der zeitliche Rahmen der Versuche zu klein war. Die EDX-Daten lassen nur eine qualitative chemische Analyse der Oxidschichten zu. Die exakte Struktur kann nicht ermittelt werden. Ein Vergleich mit den Daten von Josefsson et al. [83] legt jedoch nahe, dass es sich um α-Al$_2$O$_3$ (Korund-Typ) Schichten handelt. Wie bereits erwähnt, begünstigt die feine Kornstruktur die Bildung von bestimmten Schichten schon bei niedrigeren Temperaturen, im Gegensatz zu konventionellen Stahllegierungen.

Die mechanischen Kennwerte der Versuche können direkt mit Arbeiten der Gruppen um Yoon et. al und Lee verglichen werden, da dort ähnliche Materialien untersucht wurden [85, 86]. Bei Tong et. al [87] werden niedrigere Festigkeiten berichtet, die aber auf die fehlende thermo-mechanische Nachbehandlung und auf den Verzicht auf vorlegierte Pulver zurückzuführen sind. Die Werte für Zugfestigkeit und Streckgrenze bei Raumtemperatur entsprechen fast exakt den von uns beobachteten Werten. Bei Hochtemperatur-Zugversuchen ab 500°C gibt es kleine Abweichungen. Diese sind jedoch mit der Zusammensetzung der Legierungen zu erklären, da bei den anderen beiden Gruppen jeweils kein Wolfram zulegiert wurde. Als Legierungselement bewirkt Wolfram eine Steigerung der Festigkeit, insbesondere im Hochtemperaturbereich (>500°C). Dies lässt sich auch im Vergleich mit den Daten von Hoelzer et. al [88] bestätigen (3% W-Anteil). Der Festigkeitsabfall bei Al-haltigen Legierungen kann mit allen Daten aus der Literatur mit ca. 200-300 MPa bestätigt werden. Bemerkenswert ist, dass der Aluminiumgehalt keine Auswirkung auf die Festigkeit bei hohen Temperaturen hat. Die Legierungen verhalten sich alle weitgehend gleich und liegen in einem Streuband von nur wenigen MPa. Im Hinblick auf den Korrosionsschutz kann also ein möglichst hoher Al-Anteil im Bereich von 4.5 - 5.5% bedenkenlos gewählt werden.

Die Zähigkeitswerte der Al-ODS-Materialien zeigen eine starke Anisotropie. Der Unterschied zwischen LS - und TS - Probenorientierung ist auf die Form der Mikrostruktur zurückzuführen. Chao et. al [67] haben bereits über dieses Phänomen bei Fe-Cr-ODS-Legierungen publiziert. Sie machen Wasserstoffeinschlüsse im Material für die Delamination nach Zugversuchen in verschiedenen Orientierungen und unterschiedlichen Dehnraten verantwortlich. Allerdings hängt der vorgeschlagene Mechanismus mit schwefelhaltigen Grenzbereichen der H-Poren zusammen. Dies konnte bisher für die im Rahmen dieser Arbeit entwickelten Materialien nicht bestätigt werden. Auch die beobachtete Delamination entlang von Korngrenzen kann damit nicht erklärt werden. Argonbläschen, die von Yttrium-Nanoclustern gepinnt werden, konnten zwar beobachtet werden, doch diese sind im Gefüge verteilt und führen nicht zur Schwächung der Korngrenzen. Allerdings konnten bei TEM-Untersuchungen der Fe-Cr-ODS-Materialien grobe $M_{23}C_6$ - Karbide an den Korngrenzen gefunden werden. Kasada et al. [77] haben ebenfalls Anisotropiephänomene untersucht. Sie haben sowohl Textur, als auch REM - Bilder und Analysen miteinander korreliert. Der Einfluss der Textur kann weitgehend ausgeschlossen werden, da sich die {110} Komponente unabhängig von der Probenrichtung bei allen Oberflächen finden lässt. Die bimodale Korngrößenverteilung wird ebenfalls in Betracht gezogen. Schließlich führt man als dritte Möglichkeit die Karbide und Verunreinigungen in Bereichen mit sehr kleinen Korngrößen auf. Im hier vorliegenden Fall handelt es sich um eine Kombination aus Kornform und Verunreinigungen. Die Verunreinigungen sind, wie im vorhergehenden Abschnitt gezeigt, an Korngrenzen in Extrusions- bzw. Walzrichtung ausgerichtet. Bei Belastung quer zu dieser Richtung tritt ein Abscheren der Körner auf, die Zähigkeit nimmt also ab. Durch die während des Walzens entstandene langgestreckte und pfannkuchenartige Kornstruktur ergeben sich bessere Ergebnisse bei den Kerbschlag-Biegeversuchen. Es befinden sich im Bereich der Kerbe weniger schwache (durch Verunreinigungen destabilisierte) Korngrenzen in der Rissausbreitungsfront. Diese Tatsache lässt sich auch aus den FIB-Aufnahmen der Legierungen (4.57) erkennen. Da die Mikrostruktur ähnlich ist, ergibt sich auch in der Kerbschlagzähigkeit kaum ein Unterschied (Abb. 4.60b). Die Zähigkeit wird durch die kleinen Körner quer zur Walzrichtung bestimmt. Durch Delamination bei Tests in LS-Richtung (Abb. 4.60a) können, wie bereits diskutiert, größere Streuungen entstehen.

Die Spröd-Duktil-Übergangstemperaturen liegen unterhalb von Raumtemperatur und damit weit entfernt von der Einsatztemperatur. Selbst in der TS Probenorientierung können noch akzeptable Übergangstemperaturen gemessen werden. Aus den oben beschriebenen Gründen liegt die Zähigkeit jedoch um mehr als einen Faktor zwei niedriger. Daten von Lee und Kasada et. al [86, 77] weisen für ähnliche Legierungen wesentlich höhere Übergangstemperaturen im Bereich von 150°C - 320°C auf. Quantitativ lassen sich die Versuchsergebnisse jedoch nicht vergleichen, da die Probenform unterschiedlich ist und üblicherweise keine normierten Werte für die Kerbschlagarbeit angegeben werden.

4.4. Übergreifende Diskussion

In den vorangegangen Abschnitten wurden die einzelnen Versuchsreihen jeweils getrennt voneinander diskutiert. In diesem Abschnitt wird eine abschließende Diskussion geführt und die identifizierten Phänomene werden im Kontext aller Ergebnisse betrachtet. Falls möglich, können so Gemeinsamkeiten aufgezeigt werden und allgemein gültige Eigenschaften von ferritischen ODS Legierungen abgeleitet werden.

Legierung	La$_2$O$_3$	ZrO$_2$	Ce$_2$O$_3$	MgO	Y$_2$O$_3$ gewalzt	Y$_2$O$_3$ extr.
Textur (times random)	5.86	2.12	1.94	3.08	4.71	6.02

Tabelle 4.7.: Intensitäten der Umformungstexturen der einzelnen Materialien

Texturuntersuchungen an allen Materialien

Die Intensitäten der Texturen nach dem Walzen weisen große Unterschiede auf (6.02 bis 1.94). Die Einheit bezieht sich hier auf *times random* und gibt den Grad der Ordnung gegenüber einer regellosen Textur an. Die Tabelle 4.7 zeigt eine Übersicht dieser Intensitäten, die aus den EBSD Daten berechnet wurden. Die Werte lassen sich mit der Festigkeitssteigerung durch die Oxide korrelieren. Beim HIPen haben sich Oxidcluster ausgeschieden, die weiteres Kornwachstum und -umorientierung behindern. Dies zeigen die hohen Werte für Y$_2$O$_3$- und La$_2$O$_3$-verstärke Materialien. Nach der Heißextrusion ist die Textur sogar noch stärker als nach dem Walzen ausgeprägt (6.02). Durch die große Verformung und gleichzeitige Behinderung der Korngrenzen wird sehr viel plastische Energie im Material gespeichert, die auch zur Festigkeit beiträgt. Die Kornstruktur wird in Umformrichtung ausgerichtet und behält diese Vorzugsorientierung beim Abkühlen. Sind die Oxidcluster weniger stabil (MgO) oder nicht in ausreichendem Volumen vorhanden (Ce$_2$O$_3$, ZrO$_2$), kann Polygonisation bei den hohen Umformungstemperaturen stattfinden. Bei der Ce$_2$O$_3$- Legierung spielt die Stabilität von Ti-O Clustern eine entscheidende Rolle. Diese Ausscheidungen sind bei den Umformtemperaturen nicht mehr stabil und werden im Gefüge gelöst. Sie scheiden sich erst beim Abkühlen wieder aus. Die Textur wird also insgesamt schwächer, was sich besonders auch bei der MgO-Legierung zeigt. Hier hat eine Umorientierung der α - Faser in die γ - Faser stattgefunden.

Bei ODS-Legierungen, die in Bezug auf Oxidzusammensetzung und -verteilung optimiert sind, kann man im Allgemeinen eine starke Texturbildung erwarten. Ist ein anisotropes Materialverhalten nicht gewünscht oder tolerierbar, muss zwingend eine Umformstrategie gewählt werden, die eine Ausrichtung in eine Richtung verhindert. Kreuzwalzen, Schmieden oder Equal Channel Angular Pressing (ECAP) sind Umformverfahren, die das leisten können.

Mikrostruktur

Bimodale Mikrostrukturen konnten bei allen Materialien gefunden werden. Bei den 80 Stunden gemahlenen Legierungen (Oxidvariation, Y_2O_3 gewalzt) ist sie jedoch schwächer ausgeprägt als bei den 40 Stunden gemahlenen Materialien. Eiselt [6] berichtet auch von stärker ausgeprägter Bimodalität nach 24h Mahldauer. Die an den Al-haltigen ODS-Legierungen durchgeführten Pulvercharakterisierungen weisen auf eine Abhängigkeit des mechanischen Legierens von der Pulvergröße hin. Eine jüngst veröffentlichte Arbeit [89] erwähnt auch die Möglichkeit des Siebens vor dem Kompaktieren. Dadurch geht zwar eine große Menge an legiertem Pulver verloren, es wird aber eine homogenere Mikrostruktur erzeugt. Auch andere Arbeitsgruppen haben schon früher durch Sieben ihre Legierungen verbessern können (D. Hoelzer, Oak Ridge National Lab, USA, persönliches Gespräch, April 2012).
Die bimodale Mikrostruktur wirkt sich jedoch nicht zwingend negativ auf die mechanischen Eigenschaften aus. So erreicht z. B. die La_2O_3- Legierung nach dem Walzen und die Y_2O_3- Legierung nach der Extrusion gute Zähigkeiten. Die Ursachen und Mechanismen der Zähigkeit lassen sich aus den hier vorhandenen Daten nicht erklären oder ableiten. Die Untersuchungen von Gumbsch et al. [90, 91] an krz (Wolfram-) Ein- und Vielkristallen zeigen die Komplexität dieses Themas auf. Auch mit der Zugfestigkeit lässt sich die Korngrößenverteilung nicht korrelieren. Die Verfestigungsmechanismen der Oxidteilchen und der Zustand des Gefüges (erholt, verformt etc.) dominieren hier das Werkstoffverhalten.

Die gefundenen Argonbläschen wurden bisher bewusst nicht diskutiert, da sie ein Phänomen sind, das auf alle Legierungen zutrifft. In den Arbeiten von Eiselt [6] wurde ebenfalls Argon im Gefüge gefunden. Auch von Klimenkov et al. [10, 92] wurden diese Gasblasen schon 2005 gefunden. Bisher ist in der Literatur aber kein nennenswerter Einfluss auf die mechanischen Eigenschaften berichtet worden, weder ein positiver, noch ein negativer Effekt. Diese Tatsache macht die Produktion einfacher und kostengünstiger. So kann auf die aufwändigen Sicherheitsvorkehrungen für die Produktion in Wasserstoffatmosphäre verzichtet werden. Eine Kontamination mit Argon kann auch selbst dann nicht ausgeschlossen werden, da die Weiterverarbeitung des Pulvers in mit Argon gefüllten Handschuhboxen stattfindet.

Mechanische Eigenschaften

Wie bereits im vorangegangenen Abschnitt beschrieben, werden die mechanischen Eigenschaften durch die Art und Verteilung der Oxidpartikel, sowie die Wärmebehandlung und Umformung des Gefüges bestimmt. Die dynamische Risszähigkeit ist direkt abhängig von der Restporosität nach der Kompaktierung und Umformung. Wie die Ergebnisse der ZrO_2- Legierung zeigen, verhält sich ein nicht-vollständig verdichtetes Material spröde über einen sehr großen Temperaturbereich. Das Heißwalzen oder Strangpressen setzt zwar die Gesamtporosität herab, Fehler die in einem früheren Prozessschritt aufgetreten sind, können jedoch nicht vollständig korrigiert werden. Fehler bei der Pulverhandhabung (Kontakt mit Luftsauerstoff) oder Verkapselung (kein vollständiges Entgasen) wirken sich auch auf das fertige Material aus.

Die Mikrostruktur und Porosität hat einen geringen Einfluss auf die Zugfestigkeit. Die (nicht-Al) Legierungen liegen alle in einem ca. 100 MPa breiten Bereich. Die Festigkeit wird, wie bereits in den vorhergehenden Abschnitten diskutiert, durch die Ti-O und andere Oxide, sowie den hohen

Grad an gespeicherter Verformung im Material bestimmt. Die Al-haltigen Legierungen liegen erwartungsgemäß um ca. 300 MPa darunter.

5. Zusammenfassung

5.1. Abschließende Bewertung der erzielten Ergebnisse

In diesem Abschnitt folgt eine Bewertung der Ergebnisse im Hinblick auf
die Ziele der Arbeit, die in Abschnitt 2.5 definiert wurden.

- **Der Produktionsprozess** für ferritische ODS Legierungen wurde verbessert. Durch die Ergebnisse der Al-ODS Legierungen konnte erstmals nachgewiesen werden, dass Pulver aus intermetallischen Phasen
  wie $FeAl_3$ und Fe_3Y zur Variation der chemischen Zusammensetzung
  verwendet werden können. Ein positiver Aspekt dieser Pulver ist, dass
  die Kontamination durch Sauerstoff auf geringem Niveau gehalten
  werden kann. Beim Zulegieren mehrerer verschiedener, elementarer
  Pulver nimmt die Menge an Verunreinigungen zu. Aus diesem Grund
  wird mittlerweile von vielen Gruppen, die ODS-Material herstellen,
  auf vorlegierte Grundpulver zurückgegriffen [56].

- **Röntgenabsorptionsspektroskopie (XAFS)** konnte als Methode zur
  Charakterisierung von mechanisch legierten Pulvern etabliert werden.
  Die sehr gute Statistik der Messwerte aus einem großen Probenvolumen erlaubt es, genaue Aussagen über den Prozessfortschritt während
  des Mahlens zu treffen. Die Menge an gelöstem oder noch kristalli-
  nem Yttrium wird über das XANES Spektrum berechnet. Das EXAFS
  Spektrum gibt Anhaltspunkte über die chemische Zusammensetzung
  der gesamten (Nano-) Oxidpartikel im Material.

- Mit der **Pulver-Mikrotomie** wurde eine einfache Präparationsme-
  thode für mechanisch legierte Pulver entwickelt. Einzelne Partikel

können so im TEM beobachtet und mit Energiedispersiver Röntgen-spektroskopie analysiert werden. Zusammen mit XAFS kann der Produktionsprozess näher untersucht und optimiert werden. Um ODS Legierungen mit feinkörnigem Gefüge und feinverteilten ODS Teilchen herzustellen, ist ein ausreichend kontrollierter und vollständiger Mahlprozess unerlässlich.

- Mit dem **Heißwalzen und Strangpressen** der ODS Legierungen wurden thermo-mechanische Behandlungen mit hohem Umformgrad erfolgreich durchgeführt. Die mechanischen Eigenschaften konnten dadurch auf ein akzeptables und, im Gegensatz zu früheren Chargen, signifikant höheres Niveau angehoben werden. Zähigkeit und Zugfestigkeit haben Werte erreicht, die die Verwendung als Strukturmaterial in einem großen Einsatztemperaturbereich (ab -100°C) und in korrosiven Medien möglich macht.

- **Textur der ODS-Materialien** mit verschiedenen Zusammensetzungen der Oxidpartikel wurde untersucht. Das Verständnis des Einflusses der Partikelgröße und -verteilung auf die sich einstellende Textur nach Warmumformung konnte so erweitert werden. Diese Erkenntnisse bieten wichtige Anhaltspunkte für die Auswahl der geeigneten Umformparameter wie Umformgrad, -temperatur und anschließende Wärmebehandlung. Die hohe Menge an gespeicherter Verformungsenergie sollte nach dem Walzen möglichst durch Erholungsglühen und Polygonisation abgebaut werden. Die Festigkeit sinkt zwar durch die geringere gespeicherte Kaltverfestigung, die Duktilität steigert sich aber um das mehr als doppelte (bei Raumtemperatur). Trotz verschiedener Oxidzusammensetzungen und -verteilungen bilden sich grundsätzlich die bekannten α und γ - Faser Walztexturen von krz Material. Es ändert sich jeweils nur die Intensität der einzelnen Texturkomponenten.

- Abschließend kann festgehalten werden, dass **Yttrium als Oxidbildner** in ODS-Legierungen die besten Eigenschaften in Bezug auf mechanische Kennwerte und Texturen liefert. Die Variation der Dispersionsoxide hat jedoch wichtige Erkenntnisse über die Bildung der Ausscheidungen gegeben. So konnte die Rolle von Titan als starker Oxidbildner im Material weiter untersucht werden. Diese Daten bilden zusammen mit den Untersuchungen von He [93] eine wichtige Grundlage für die weitere Optimierung der ferritischen ODS Legierungen.

- Die Entwicklung **oxidationsbeständiger ferritischer ODS-Legierungen** war erfolgreich. Der erwartete Festigkeitsabfall konnte durch die Oxidpartikel jedoch nicht kompensiert werden. Versuche von Isselin und Kimura [94, 95] zeigten, dass dieser Abfall durch die Zugaben von kleinen Mengen Hafnium oder Zirkonium verringert werden kann.

5.2. Publikationen

Diese Arbeit erhielt finanzielle Unterstützung durch das MATTER Projekt des 7. Europäischen Rahmenprogramms (FP7/2007-2013) mit dem Grant Agreement N°269706. Durch das European Fusion Development Agreement (EFDA) der Europäischen Gemeinschaft wurden ebenfalls Teile der Arbeit gefördert.

Im Rahmen dieser Arbeit sind folgende Publikationen entstanden:

Als Hauptautor:

1.   J. HOFFMANN, M. KLIMENKOV, R. LINDAU, M. RIETH
   TEM Study of Mechanically alloyed ODS Powder
   Journal of Nuclear Materials, 2011.

2.   J. HOFFMANN, M. RIETH, R. LINDAU, M. KLIMENKOV, A. MÖSLANG, H.R.Z. SANDIM
   Investigation on different oxides as candidates for nano-sized ODS particles in reduced-activation ferritic (RAF) steels
   Journal of Nuclear Materials, 2013.

Als Co-Autor:

1. P. HE, T. LIU, A. MÖSLANG, R. LINDAU, R. ZIEGLER, J. HOFFMANN, P. KURINSKIY, L. COMMIN, P. VLADIMIROV, S. NIKITENKO, M. SILVEIR
XAFS and TEM studies of the structural evolution of yttrium-enriched oxides in nanostructured ferritic alloys fabricated by a powder metallurgy process
Materials Chemistry and Physics, 2012.

2. JENS REISER, MICHAEL RIETH, ANTON MÖSLANG, BERNHARD DAFFERNER, JAN HOFFMANN, TOBIAS MROTZEK, ANDREAS HOFFMANN, D.E.J. ARMSTRONG, XIAOOU YI
Tungsten foil laminate for structural divertor applications - Joining of tungsten foils
Journal of Nuclear Materials, 2013.

Studentische Arbeiten:

1. M. LORENZ
Charakterisierung von mechanisch legiertem Pulver
Studienarbeit, 2013.

6. Ausblick

6.1. Produktion von ODS-Legierungen im industriellen Maßstab

Mit den erfolgreich durchgeführten Versuchen zur Extrusion von ODS-Legierungen, kann der bestehende Herstellungsprozess hochskaliert werden. Die entwickelten Prozessparameter für das mechanische Legieren können auch auf größeren Mühlen benutzt werden. Die Drehzahlen sind zwar nicht 1:1 übertragbar, notwendige Korrekturfaktoren sind jedoch vom Hersteller angegeben. Mit größeren Mühlen können bis zu 10 kg Pulver pro Mahlung mechanisch legiert werden.

Mittels Heiß-Extrusion können so Mengen von mehreren Kilogramm in vertretbarem Zeiteinsatz hergestellt werden. Bei einer entsprechend großen Menge Material ist man nicht auf die Geometrien der Extrusionswerkzeuge beschränkt, sondern kann mit anschließendem Heiß- und Kaltwalzen Platten, Bleche und andere Halbzeuge aus ODS-Stahl herstellen. Schmieden des Materials nach dem Heiß-Isostatisch-Pressen könnte die Porosität des Materials herabsetzen ohne dabei eine starke Anisotropie des Gefüges zu bewirken. Entsprechende Versuche sind bereits in Planung und sollen demnächst realisiert werden.

6.2. Korrosionsbeständige ODS-Legierungen

Aluminiumhaltige ODS-Legierung bieten viel Potential für die Verwendung als Funktions- und Strukturwerkstoff im Hochtemperaturbereich in korrosiven Umgebungen. Die Anwendungen sind dabei nicht zwingend auf Kernspaltungs- und Fusionskraftwerke beschränkt. Durch Legierungsoptimierung kann dem beobachteten Festigkeitsabfall bei der Zugabe von Aluminium entgegengewirkt werden. Denkbar sind hier weitere Oxidbildner in Kombination mit Y_2O_3 zu verwenden. La_2O_3 hat sich während dieser Arbeit als durchaus geeignetes ODS-Partikel herausgestellt. Auf Grund der größeren Atommasse und -größe ist eine gewisse Kompensation des Festigkeitsabfalls wahrscheinlich.

6.3. Maßgeschneiderte ODS-Legierungen

Die Ergebnisse dieser Arbeit haben gezeigt, dass man je nach Fertigungsverfahren (HIP oder Extrusion) unterschiedliche mechanische Eigenschaften der Legierungen erreichen kann. Als Strukturwerkstoff ist ein erholtes Gefüge vorzuziehen. Die höhere dynamische Risszähigkeit (Unterschied von 6.5 J bei RT) ist ein essentielles Kriterium für diese Anwendung. Die geringere Zugfestigkeit ist dabei noch in einem akzeptablen Bereich. Eine größere Korngrößenverteilung wirkt sich zudem positiv auf die Kriecheigenschaften aus, da das Korngrenzenkriechen verringert wird.
ODS-Legierungen sind auch als Funktionswerkstoffe denkbar. Die erzielbare Härte und vor allem das nano-kristalline Gefüge können vom Vorteil für bestimmte Anwendungen sein. Die geringe dynamische Risszähigkeit in diesem Gefügezustand kann dann vernachlässigt werden.

6.4. Kombinierte Analysemethoden der Elektronenmikroskopie

Das TEM ist das Instrument der Wahl wenn es um Nanoanalytik von Werkstoffen geht. Für die Charakterisierung von ODS Teilchen existiert derzeit kein anderes Verfahren, das die entsprechende Ortsauflösung bietet. Für viele Anwendungen ist es jedoch nicht mehr notwendig auf das TEM mit den bekannten Einschränkungen wie komplizierte Probenpräparation und begrenztes Probenvolumen zurückzugreifen. Die kontinuierliche Weiterentwicklung der Raster-Elektronen-Mikroskopie führt dazu, dass viele Fragestellungen der Werkstoffanalyse bereits am REM oder FIB geklärt werden können.

Channeling-Kontrast Bilder sind nicht nur mit dem Focused-Ion-Beam möglich, sondern können mit modernen Rückstreudetektoren problemlos am REM aufgenommen werden. Der vom Elektronen-Channeling gebotene Kontrast ist zwar schwächer als bei der Verwendung von Ga^+ - Ionen (im FIB), reicht jedoch für die Charakterisierung des Gefüges meist aus. Des weiteren können neue Techniken wie Wellenlängen-Dispersive Spektroskopie (WDS) im REM den Nachweis für sehr leichte Elemente wie z. B. Beryllium und Bor bringen. Zudem sind bereits Konzentrationen von wenigen hundert ppm sicher detektierbar.

Diese Arbeit hat gezeigt wie wichtig EBSD für die Charakterisierung von ODS-Legierungen ist. Nur so können ortsaufgelöst Texturen und innere Spannungen im Material bestimmt werden. EBSD kann nicht nur zur Bestimmung der Orientierungen des einzelnen Körner verwendet werden, sondern auch zur Phasenanalyse über die kristallographischen Informationen der Kikuchi-Muster. Die Kombination von EBSD mit den oben genannten Verfahren wie WDS und EDS bietet so eine Vielzahl von neuen Anwendungsmöglichkeiten. Durch (in Grenzen mögliches) simultanes Messen mit allen drei Detektoren lassen sich einfach neue und unbekannte Phasen im Gefüge analysieren. Integrierte Softwarelösungen mit allen Messverfahren, wie Team von EDAX und Aztech von Oxford Instruments, die in den letzten 3-5 Jahren entwickelt wurden, vereinfachen die Auswertung der aufgenommenen Daten.

Geräte mit kombinierter Ionen- und Elektronenstrahlquelle (z. B. Dual oder Cross Beam Geräte) können Material auch in der Tiefe untersuchen. Durch gezieltes Abtragen von Oberflächen mit dem Ionenstrahl können EBSD Daten in 3D aufgenommen werden. Die Kornstruktur und -orientierung wird so sehr anschaulich visualisiert.

Auf lange Sicht kann das moderne REM das TEM zwar nicht ersetzen. Durch die komplizierte Probenpräparation wird man jedoch in Zukunft oft nur für sehr spezielle Fragestellungen wie z. B. die Charakterisierung von ODS-Teilchen auf das TEM zurückgreifen müssen.

Literaturverzeichnis

[1] Gary S. Was, editor. *Fundamentals of Radiation Materials Science.* Springer, New York, 2007.

[2] B. Odette, M.J. Alinger, and B.D. Wirth. Recent Developments in Irradiation-Resistant Steels. *Annu. Rev. Mater. Res.*, 38:471–503, 2008.

[3] A. Möslang and M. Rieth. Vorlesung Fusionstechnologie. *IAM-AWP*, 2013.

[4] R. Lindau, A. Moslang, M. Rieth, M. Klimiankou, E. Maternamorris, A. Alamo, A. Tavassoli, C. Cayron, A. Lancha, and P. Fernandez. Present development status of EUROFER and ODS-EUROFER for application in blanket concepts. *Fusion Engineering and Design*, 75-79:989–996, 2005.

[5] R. Lindau, A. Moeslang, M. Schirra, P. Schlossmacher, and M. Klimenkov. Mechanical and microstructural properties of a hipped RAFM. *Journal of Nuclear Materials*, 307-301:769–772, 2002.

[6] C. C. Eiselt. *Eigenschaftsoptimierung der nanoskaligen ferritischen ODS-Legierung 13Cr-1W-0,3Y2O3-0,3TiH2, metallkundliche Charakterisierung und Bestimmung von Struktur-Eigenschaftskorrelationen.* PhD thesis, Universität Karlsruhe, 2010.

[7] V. de Castro, T. Leguey, M.A. Monge, A. Munoz, R. Pareja, D.R. Amador, J.M. Torralba, and M. Victoria. Mechanical disperson of Y2O3 nanoparticles in steel EUROFER97: process and optimization. *Journal of Nuclear Materials*, 322:228–234, 2003.

[8] C. Cayron, E. Rath, I. Chu, and S. Launois. Microstructural evolution of Y2O3 and MgAl2O4 ODS EUROFER steels during their elaboration by mechanical milling and hot isostatic pressing. *Journal of Nuclear Materials*, 335:83–102, 2004.

[9] M. Klimiankou. TEM characterization of structure and composition of nanosized ODS particles in reduced activation ferritic/martensitic steels. *Journal of Nuclear Materials*, 329-333:347–351, 2004.

[10] M. Klimiankou, R. Lindau, and A. Moslang. Energy-filtered TEM imaging and EELS study of ODS particles and Argon-filled cavities in ferritic/martensitic steels. *Micron*, 36(1):1–8, 2005.

[11] Pei He, , T. Liub, A. Möslang, R. Lindau, R. Ziegler, J. Hoffmann, P. Kurinskiy, L. Commin, P. Vladimirov, S. Nikitenkoc, and M. Silveir. Investigation of yttrium-enriched oxides in nanostructured ferritic steels by x-ray absorption fine structure spectroscopy and transmission electron microscopy. *Materials Chemistry and Physics*, 136:990–998, 2012.

[12] Michael Rieth, M. Schirra, A. Falkenstein, P. Graf, S. Heger, H. Kempe, R. Lindau, and H. Zimmermann. EUROFER 97 : tensile, charpy, creep and structural tests. *Wissenschaftliche Berichte / Forschungszentrum Karlsruhe in der Helmholtz-Gemeinschaft, FZKA ; 6911*, 2003.

[13] M. Miller, D. Hoelzer, E. Kenik, and K. Russell. Stability of ferritic MA/ODS alloys at high temperatures. *Intermetallics*, 13(3-4):387–392, 2005.

[14] Rajan Karthikeyan, Sarma V. Subramanya, T.R.G.Kutty, and B.S.Murty. Hot hardness behaviour of ultra fine grained ferritic oxide dispersion strengthened alloys prepared by mechanical alloying and spark plasma sintering. *Materials Science and Engineering A*, 558:492–496, 2012.

[15] Jan Hoffmann, Michael Klimenkov, Rainer Lindau, and Michael Rieth. TEM study of mechanically alloyed ODS steel powder. *Journal of Nuclear Materials*, 2011.

[16] A. Hishinuma, A. Kohyama, R.L. Klueh, D.S. Gelles, W. Dietz, and K. Ehrlich. Current status and future RD for reduced-activation ferritic/martensitic steels. *Journal of Nuclear Materials*, 258-263:193–204, 1998.

[17] H.R.Z. Sandim, R.A. Renzetti, A.F. Padilha, D. Raabe, M. Klimenkov, R. Lindau, and A. Möslang. Annealing behavior of ferritic-martensitic 9Cr ODS Eurofer steel. *Materials Science and Engineering: A*, 527(15):3602 – 3608, 2010.

[18] C. Suryanarayana. Mechanical alloying and milling. *Progress in Materials Science*, 46:1–184, 2001.

[19] R.S. Averback and T. Diaz de la Rubia. Displacement damage in irradiated metals and semiconductors. 51:281 – 402, 1997.

[20] Michael F. Ashby and David R. H. Jones. *Werkstoffe 1: Eigenschaften, Mechanismen und Anwendung*. Spektrum Akademischer Verlag, München, Germany, 2006.

[21] Erhard Hornbogen and Hans Warlimont. *Metalle, Struktur und Eigenschaften der Metalle und Legierungen*. Springer-Verlag Berlin Heidelberg, Berlin Heidelberg, Germany, 2006.

[22] Hartmut Worch, Wolfgang Pompe, and Werner Schatt. *Werkstoffwissenschaft*. Wiley-VCH Verlag, Weinheim, Germany, 2011.

[23] G. Gottstein. *Physikalische Grundlagen der Materialkunde*. Springer Berlin Heidelberg, Berlin Heidelberg, Germany, 2007.

[24] Erhard Hornbogen. *Werkstoffe*. Springer-Verlag Berlin Heidelberg New York, Berlin Heidelberg, Germany, 1983.

[25] Valerie Randle and Olaf Engler. *Introduction to texture analysis : Macrotexture, Microtexture and Orientation Mapping*. Gordon and Breach, Amsterdam, 2000.

[26] Kikuchi, S. and Nishikawa, S. Diffraction of cathode rays by mica. *Nature*, 121(3061):1019–1020, 1928.

[27] S. Zaefferer. On the formation mechanisms, spatial resolution and intensity of backscatter Kikuchi patterns. *Ultramicroscopy*, 107(1):254–266, 2007.

[28] Niels Christian Krieger Lassen. Automated determination of crystal orientations from electron backscattering patterns. *PhD Thesis, The Technical University of Denmark, Lynby*, pages 14–18, 1994.

[29] A. Wilkinson and T. Ben Britton. Strains, plains and EBSD in materials science. *Materials Today*, 15(9):366–376, 2012.

[30] K. Kunze, S. I. Wright, B. L. Adams, and D. J. Dingley. Advances in automatic EBSP single orientation measurements. *Textures and Microstructures*, 20:51–54, 1993.

[31] D. Stojakovic. Electron backscatter diffraction in materials characterization. *Processing and Application of Ceramics*, 6(1):1–13, 2012.

[32] D.Y. Cong, Y.D. Zhang, Y.D. Wang, M. Humbert, X. Zhao, T. Watanabe, L. Zuo, and C. Esling. Experiment and theoretical prediction of martensitic transformation crystallography in a Ni-Mn-Ga ferromagnetic shape memory alloy. *Acta Materialia*, 55(14):4731 – 4740, 2007.

[33] Stuart I. Wright, Matthew M. Nowell, and David P. Field. A review of strain analysis using electron backscatter diffraction. *Microscopy and Microanalysis*, 17:316–329, 2011.

[34] Stuart I. Wright and Stefan Zaefferer. 3D Orientation Microscopy. *G.I.T Imaging and Microscopy*, 4:40–41, 2007.

[35] F. J. Humphreys. Review Grain and subgrain characterisation by electron backscatter diffraction. *Journal of Materials Science*, 36:3833–3854, 2001.

[36] Adam J. [Hrsg.] Schwartz, editor. *Electron backscatter diffraction in materials science*. Kluwer Academic, New York, 2000.

[37] U. F. Kocks, Carlos N. Tomé, and Hans-Rudolf Wenk, editors. *Texture and anisotropy : preferred orientations in polycrystals and their effect on materials properties*. Cambridge University Press, Cambridge [u.a.], 1998.

[38] H. J. Bunge. Zur Darstellung allgemeiner Texturen. *Zeitschrift für Metallkunde*, 56:872–874, 1965.

[39] John J. Jonas. Transformation Textures Associated with Steel Processing. In Arunansu Haldar, Satyam Suwas, and Debashish Bhattacharjee, editors, *Microstructure and Texture in Steels*, pages 3–17. Springer London, 2009.

[40] D. Raabe and K. Lücke. Rolling and annealing textures of bcc metals. *Materials Science Forum*, 157-162:597–610, 1994.

[41] S. Suwas and N Gurao. Crystallographic textures in materials. *Journal of the Indian Institute of Science*, 88(2):151–177, 2008.

[42] R. K. Ray, J. J. Jonas, and R. E. Hook. Cold rolling and annealing textures in low carbon and extra low carbon steel. *International Materials Reviews*, 39(4):129–172, 1994.

[43] F.J. Humphreys and M. Hatherly. *Recrystallization and related annealing phenomena*. Elsevier Ltd., Oxford, UK, 2004.

[44] E. Nes, N. Ryum, and O. Hunderi. On the Zener Drag. *Acta Metallurgica*, 33(1):11–22, 1984.

[45] M. A. Miodownik, A. J. Wilkinson, and J. W. Martin. On the secondary recrystallization of MA754. *Acta materia*, 46(8):2809–2821, 1998.

[46] Enrico Bruder. *Thermische Stabilität von Stählen mit ultrafeinkörnigen Gradientengefügen und deren mechanische Eigenschaften*. PhD thesis, TU Darmstadt, 2011.

[47] Matthew Newville. Fundamentals of XAFS. *Consortium of Advanced Radiation Sources, University of Chicago*, 2004.

[48] D. Meschede. *Gerthsen Physik*. Springer Berlin Heidelberg, Berlin Heidelberg, Germany, 2004.

[49] Thomas B. Reed. *Free Energy formation of Binary Compounds*. The MIT Press, Cambridge, Massachusetts and London, England, 1971.

[50] W. Beitz and K.-H. Grote. DUBBEL Taschenbuch für den Maschinenbau. *Springer Verlag Berlin Heidelberg New York*, 19. Auflage:Seite 22, 1997.

[51] Horiba Scientific. A guidebook to particle siza analysis. *HORIBA Instruments, Inc. CA USA*, 2012.

[52] T. Ressler. WinXAS : A new software package not only for the analysis of energy-dispersive XAS data. *J. Phys. IV France 7*, C2:269–270, 1997.

[53] D.C. Königsberger, B.L. Mojet, G.E. van Dorssen, and D.E. Ramaker. XAFS Spectroscopy; fundamental principles and data analysis. *Topics in Catalysis*, 10:143–155, 2000.

[54] C. Degueldre, S. Conradson, and W. Hoffelner. Characterisation of oxide dispersion-strengthened steel by extended X-ray absorption spectroscopy for its use under irradiation. *Computational Materials Science*, 33:3–12, 2005.

[55] Tao Liu, Hairuo Xu, Wee Shong Chin, Ping Yang, Zhihua Yong, and Andrew T. S. Wee. Local structures of Zn1-xTMxO (TM = Co, Mn, and Cu) nanoparticles atudied by x-ray absorption fine structure spectroscopy and multiple scattering calculations. *The Journal of Physical Chemistry C*, 112(35):13410–13418, 2008.

[56] M. J. Alinger, G. R. Odette, and D. T. Hoelzer. On the role of alloy composition and processing parameters in nanocluster formation and dispersion strengthening in nanostuctured ferritic alloys. *Acta Materialia*, 57(2):392–406, 2009.

[57] Luke L. Hsiung, Michael J. Fluss, Scott J. Tumey, B. William Choi, Yves Serruys, Francois Willaime, and Akihiko Kimura. Formation mechanism and the role of nanoparticles in Fe-Cr ODS steels developed for radiation tolerance. *Physical Review B*, 82:184103, 2010.

[58] E. Chtoun, L. Hanebali, P. Garnier, and J.M Kiat. X rays and neutrons rietveld analysis of the solid solutions (1-x)A2Ti2O7-xMgTiO3 (A = Y or Eu). *European Journal of Solid State Inorganic Chemistry*, 34:553–561, 1997.

[59] P. S. Gilman and J. S. Benjamin. Mechanical Alloying. *Ann. Rev. Mater. Sci*, 13:279–300, 1983.

[60] C. Cayron, A. Montani, D. Venet, and Y. de Carlan. Identification of new phases in annealed Fe18CrWTi ODS powders. *Journal of Nuclear Materials*, 399(2-3):219–224, 2010.

[61] M. Serrano, M Hernandez-Mayoral, and A. Garcia-Junceda. Microstructural anisotropy effect on the mechanical properties of a 14Cr ODS steel. *Journal of Nuclear Materials*, 428:103–109, 2011.

[62] A. Garcia-Junceda, M Hernandez-Mayoral, and M. Serrano. Influence of the microstructure on the tensile and impact properties of a 14-Cr ODS steel bar. *Journal of Nuclear Materials*, 556:696–703, 2012.

[63] H. Hadraba, B. Fournier, L. Stratil, Malaplate J., A.-L. Rouffie, P. Wident, L. Ziolek, and J.-L. Bechade. Influence of microstructure on impact properties of 9 - 18steels for fusion/fission applications. *Journal of Nuclear Materials*, 411:112–118, 2011.

[64] P. Unifantowicz, Z. Oksiuta, P. Olier, Y. de Carlan, and N. Baluc. Microstructure and mechanical properties of an ODS RAF steel fabricated by hot extrusion or hot isostatic pressing. *Fusion Engineering and Design*, 86(9-11):2413 – 2416, 2011.

[65] Jens Reiser. *Duktilisierung von Wolfram*. KIT Scientific Publishing, Karlsruhe, Germany, 2012.

[66] P. Unifantowicz, J. Fikar, P. Spätig, C. Testani, F. Maday, N. Baluc, and M.Q. Tran. Optimisation of production method of a nanostructured ODS ferritic steels. *Proceedings of the 24th IAEA Fusion Energy Conference*, 2012.

[67] J Chao, C. Capdevila-Montes, and J.L. Gonzalez-Carrasco. On the delamination of FeCrAl ODS alloys. *Materials Science and Engineering A*, 515:190–198, 2009.

[68] B. Mintz and W. B. Morrison. Influence of warm working and tempering on fissure formation. *Materials Science and Technology*, 4(8):719–731, 1988.

[69] B. L. Bramfitt and A. R. Marder. A study of the delamination behaviour of a very low-carbon steel. *Metallurgical Transactions A*, 8A:1263–1274, 1977.

[70] H. Okamoto. Ce-Fe (Cerium-Iron). *Journal of Phase Equilibria and Diffusion*, 29(1):116–117, 2008.

[71] H. Okamoto. Ce-Zr (Iron-Zirconium). *Journal of Phase Equilibria and Diffusion*, 18(3):316, 1997.

[72] W. Zhang and C. Li. The Fe-La (Iron-Lanthanum) System. *Journal of Phase Equilibria*, 18(3):301–304, 1997.

[73] A. A. Nayeb-Hashemi and J. B. Clark. The Fe-Mg (Iron-Magnesium) System. *Bulletin of Alloy Phase Diagrams*, 6(3):235–238, 1985.

[74] E. Marquis. Core/shell structures of oxygen-rich nanofeatures in oxide-dispersion strengthened Fe-Cr alloys. *Applied Physics Letters*, 93:181904, 2008.

[75] M. Ratti, D. Leuvrey, M. H. Mathon, and Y. de Carlan. Influence of titanium on nano-cluster (Y, Ti, O) stability in ODS ferritic materials. *Journal of Nuclear Materials*, 386-388:540–543, 2009.

[76] Z. Oksiuta and N. Baluc. Role of Cr and Ti contents on the microstructure and mechanical properties of ODS ferritic steels. *Advance Materials Research*, 59:308–312, 2009.

[77] R. Kasada, S. G. Lee, J. Isselin, J. H. Lee, T. Omura, A. Kimura, T. Okuda, M. Inoue, S. Ukai, S. Ohnuki, T. Fujisawa, and F. Abe. Anisotropy in tensile and ductile to brittle transition behavior of ODS ferritic steels. *Journal of Nuclear Materials*, 417(1-3):180–184, 2011.

[78] Xiao-jun Zhuo, Dae-hee Woo, Xin-hua Wang, and Hae-geon Lee. Formation and thermal stability of large precipitates and oxides in

titanium and niobium microalloyed steel. *International Journal of Iron and Steel Research*, 15(3):70–77, 2008.

[79] CALPHAD. The iron-titanium system. *http://www.calphad.com/iron-titanium.html*, 05.04.2013.

[80] E. Clementi, D. L. Raimondi, and W. P. Reinhardt. Atomic screening constants form SCT functions. II. atoms with 37 to 86 electrons. *Journal of Chemical Physics*, 47:1300–1307, 1967.

[81] C.A. Williams, P. Unifantowicz, N. Baluc, G.D.W. Smith, and E.A. Marquis. The formation and evolution of oxid particles in oxide-dispersion-strengthened ferritic steels during processing. *Acta Materialia*, 61:2219–2235, 2013.

[82] Joachim Janssen. *Untersuchung von Oxidationsprozessen an Oberflächen von FeCr-Legierungen und Austenitstahl mittels Röntgenabsorptionsspektroskopie unter streifendem Einfall.* Universtität Bonn, Bonn, Germany, 2003.

[83] H. Josefsson, F. Liu, J.-E. Svensson, Halvarsson M., and Johansson L.-G. Oxidation of FeCrAl alloys at 500-900°C in dry O2. *Journal of Metals and Corrosion*, 56(11):801–805, 2005.

[84] Neil Birks, Gerald H. Meier, and Fred S. Pettit. *Introduction to the high-temperature oxidation of metals.* Cambridge University Press, Cambridge, UK, 2006.

[85] Han Ki Yoon and A. Kimura. High temperature strength of three ODS ferritic/martensitic steels. *Key Engineering Materials*, 345-346:1011–1014, 2007.

[86] Jae Hoon Lee. Mechanical and microstructural properties of Al-added ODS ferritic steel. *Advanced Materials Research*, 567:49–53, 2012.

[87] Liu Tong, Hailong Shen, Tongwen Zhang, and Mu Zhu. Fabrication, microstructure and mechanical properties of ODS ferritic alloy by SPS and HIP. *Sciencepaper Online - http://www.paper.edu.cn/en*, 03. August, 2012.

[88] D. Hoelzer, J. Bentley, M. Sokolov, D.A. McClintock, and G. Odette. Regular and ODS ferritic steel as structural materials for power plant HHFC's. *International HHFC Workshop, La Jolla, CA*, 1, 2008.

[89] Z. Oksiuta, P. Olier, Y. de Carlan, and N. Baluc. Development and characterisation of a new ODS ferritic steel for fusion reactor application. *Journal of Nuclear Materials*, 393(1):114–119, 2009.

[90] P. Gumbsch, J. Riedle, A. Hartmaier, and H.F. Fischmeister. Controlling factors for the brittle-to-ductile transition in tungsten Single Crystals. *Science*, 282(1293-1295):5392, 1998.

[91] Peter Gumbsch. Brittle fracture and the brittle-to-ductile transition of tungsten. *Journal of Nuclear Materials*, 323:304 – 312, 2003.

[92] Michael Klimenkov. Quantitative measurement of argon inside of nano-sized bubbles in ODS steels. *Journal of Nuclear Materials*, 411(1-3):160 – 162, 2011.

[93] Pei He. Variation of the Titanium Content of ferritic ODS alloys. *KIT*, 2013.

[94] Jerome Isselin, Ryuta Kasada, Akihiko Kimura, Taknari Okuda, Masaki Inoue, Shigeharu Ukai, Somei Ohnuki, Toshiharu Fujisawa, and Fujio Abe. Effects of Zr addition on the microstructure of 14Cr-4Al ODS ferritic steel. *Materials Transactions*, 51(5):1011–1015, 2010.

[95] A. Kimura, R. Kasada, N. Iwata, H. Kishimoto, C.H. Zhang, J. Isselin, P. Dou, J.H. Lee, N. Muthukumar, T. Okuda, M. Inoue, S. Ukai, S. Ohnuki, T. Fujisawa, and T.F. Abe. Development of Al added high-Cr ods

steels for fuel cladding of next generation nuclear systems. *Journal of Nuclear Materials*, 417(1-3):176 – 179, 2011.

[96] W. Zhang, G. Liu, and K. Han. The Fe-La (Iron-Lanthanum) System. *Journal of Phase Equilibria*, 13(3):304–308, 1992.

Abbildungsverzeichnis

Tabellenverzeichnis

A. Anhang

TEM

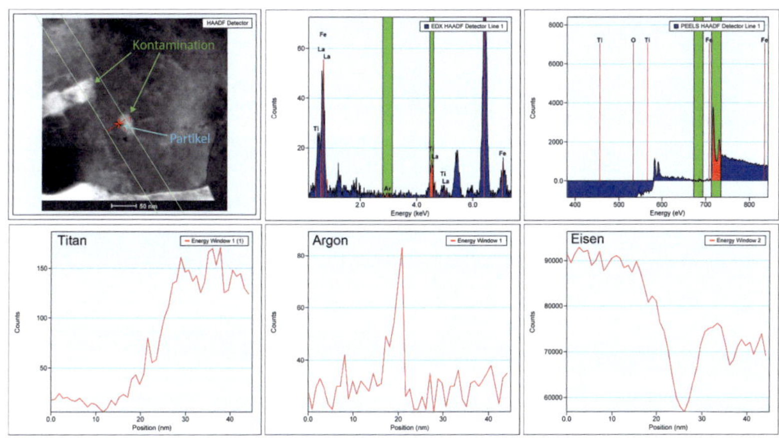

Bild A.1.: Ti-O Partikel mit Argonbläschen

Phasendiagramme

Textur

Mechanische Versuche

Zeichnungen

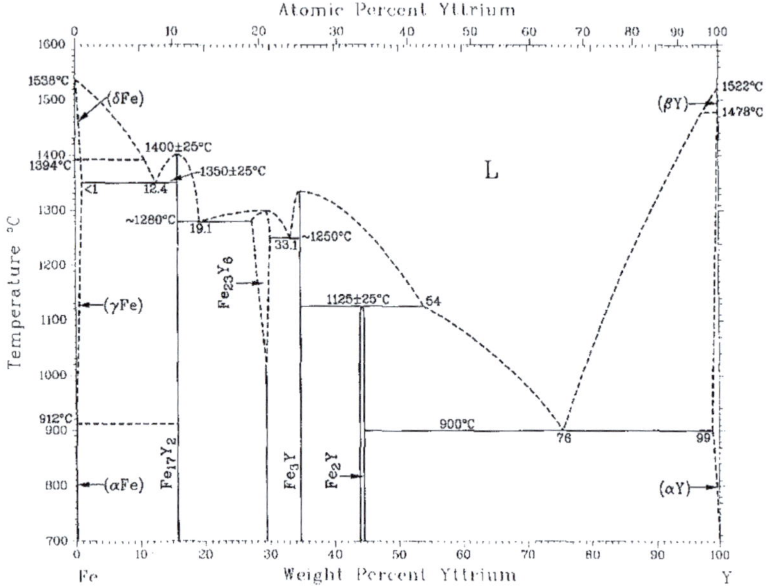

Bild A.2.: Phasendiagramm des Eisen-Yttrium Systems [96]

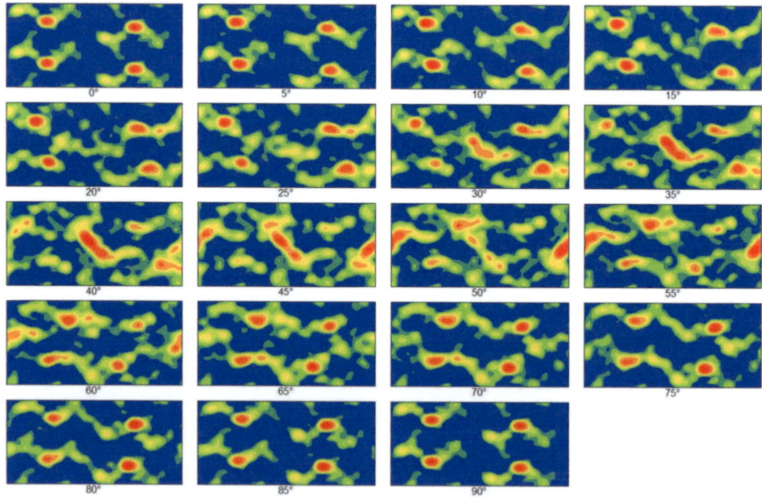

Bild A.3.: Komplette ODF Darstellung der Textur der Y_2O_3 Legierung nach Walzen

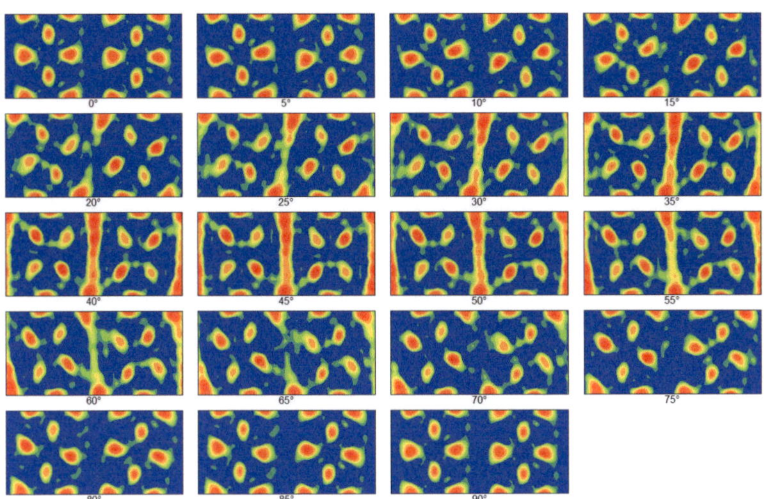

Bild A.4.: Komplette ODF Darstellung der Textur der Y_2O_3 Legierung nach Extrusion

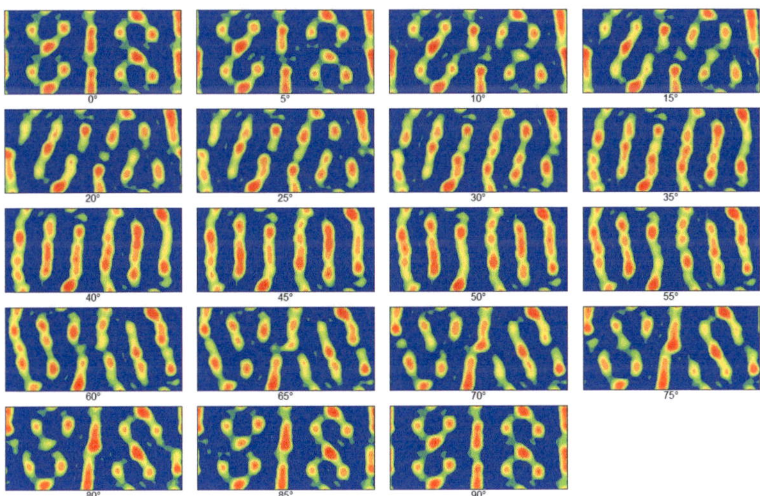

Bild A.5.: Komplette ODF Darstellung der Textur der La_2O_3 Legierung

Bild A.6.: Komplette ODF Darstellung der Textur der ZrO_2 Legierung

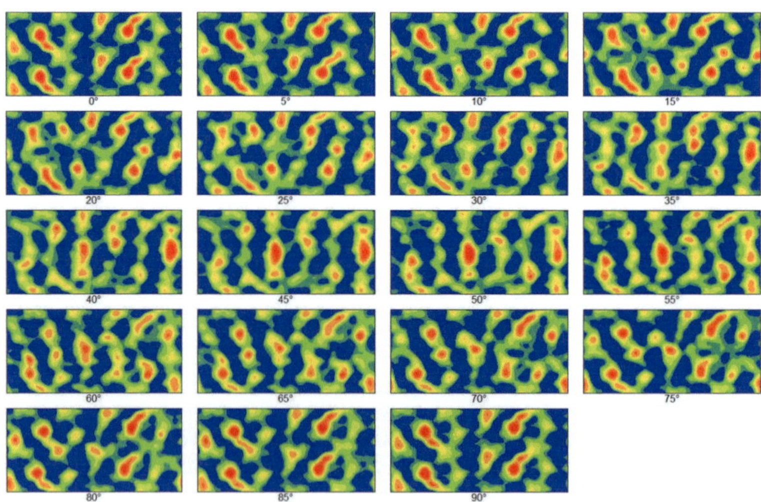

Bild A.7.: Komplette ODF Darstellung der Textur der Ce_2O_3 Legierung

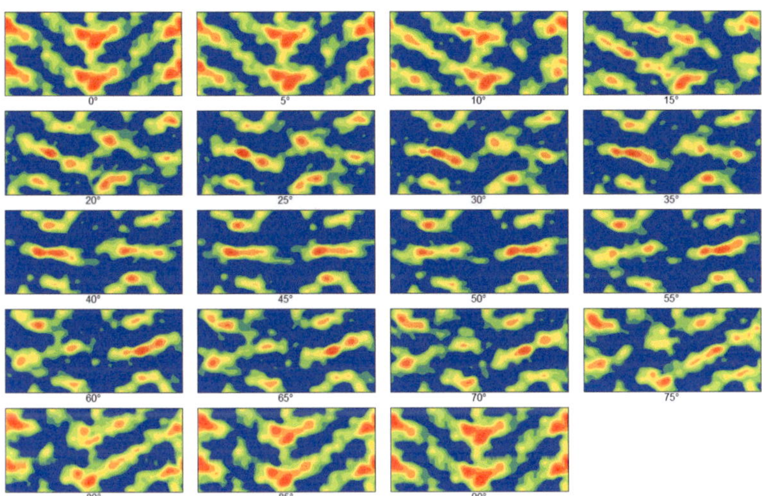

Bild A.8.: Komplette ODF Darstellung der Textur der MgO Legierung

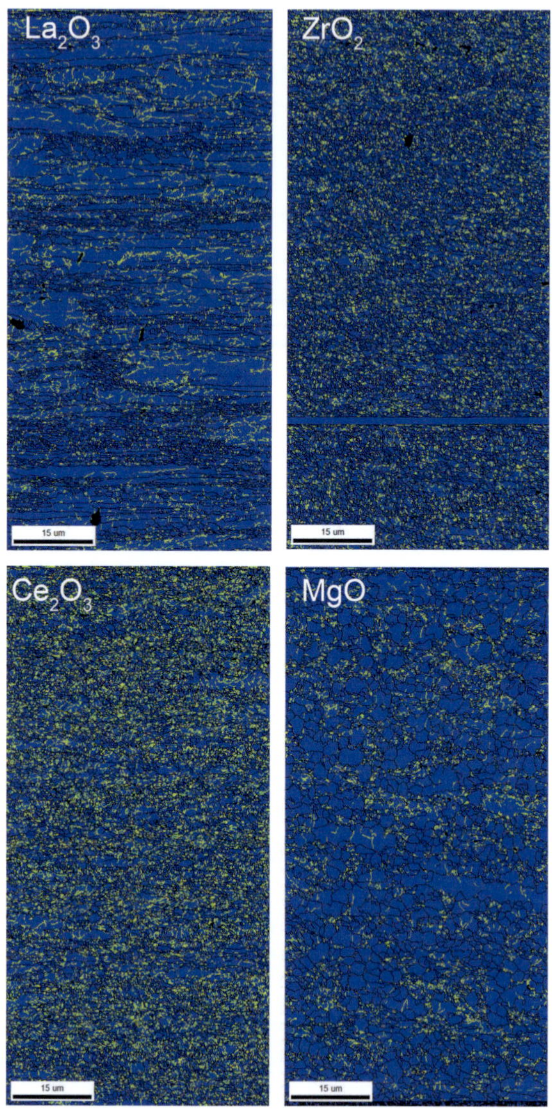

Bild A.9.: Kernel Average Misorientation Maps der ODS-Legierungen mit Variation der Dispersionsoxide

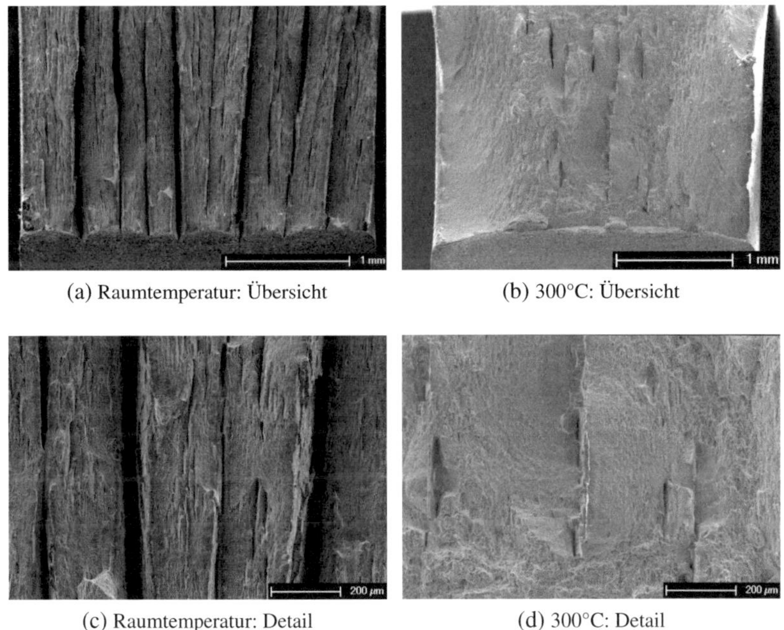

Bild A.10.: REM Aufnahmen der Bruchflächen nach Kerbschlagbiegeversuchen an der gewalzten La$_2$O$_3$ Legierung bei Raumtemperatur und 300°C

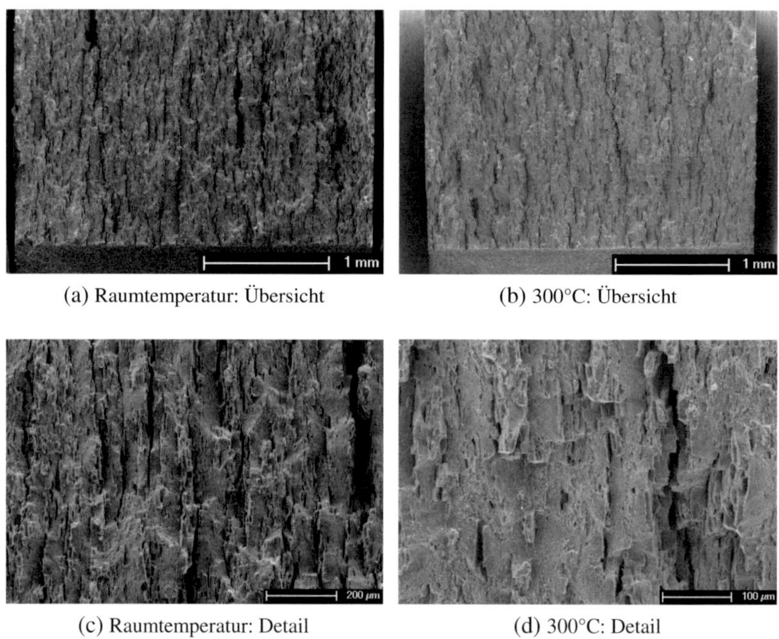

(a) Raumtemperatur: Übersicht

(b) 300°C: Übersicht

(c) Raumtemperatur: Detail

(d) 300°C: Detail

Bild A.11.: REM Aufnahmen der Bruchflächen nach Kerbschlagbiegeversuchen an der gewalzten ZrO_2 Legierung bei Raumtemperatur und 300°C

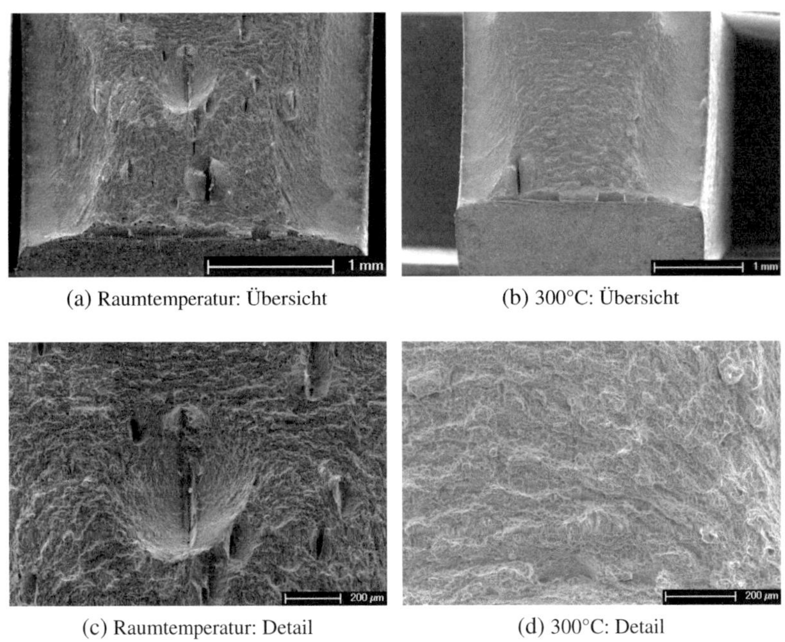

(a) Raumtemperatur: Übersicht (b) 300°C: Übersicht

(c) Raumtemperatur: Detail (d) 300°C: Detail

Bild A.12.: REM Aufnahmen der Bruchflächen nach Kerbschlagbiegeversuchen an der gewalzten MgO Legierung bei Raumtemperatur und 300°C

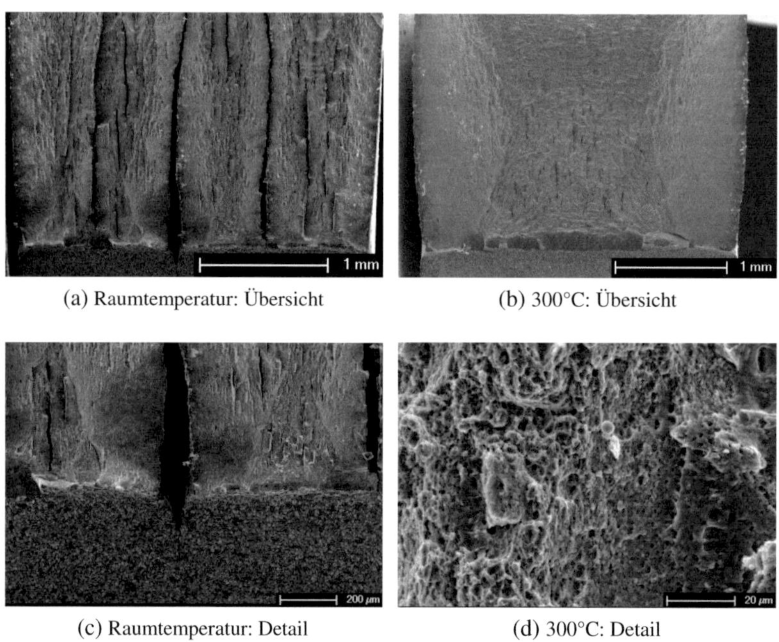

(a) Raumtemperatur: Übersicht

(b) 300°C: Übersicht

(c) Raumtemperatur: Detail

(d) 300°C: Detail

Bild A.13.: REM Aufnahmen der Bruchflächen nach Kerbschlagbiegeversuchen an der gewalzten Ce_2O_3 Legierung bei Raumtemperatur und 300°C

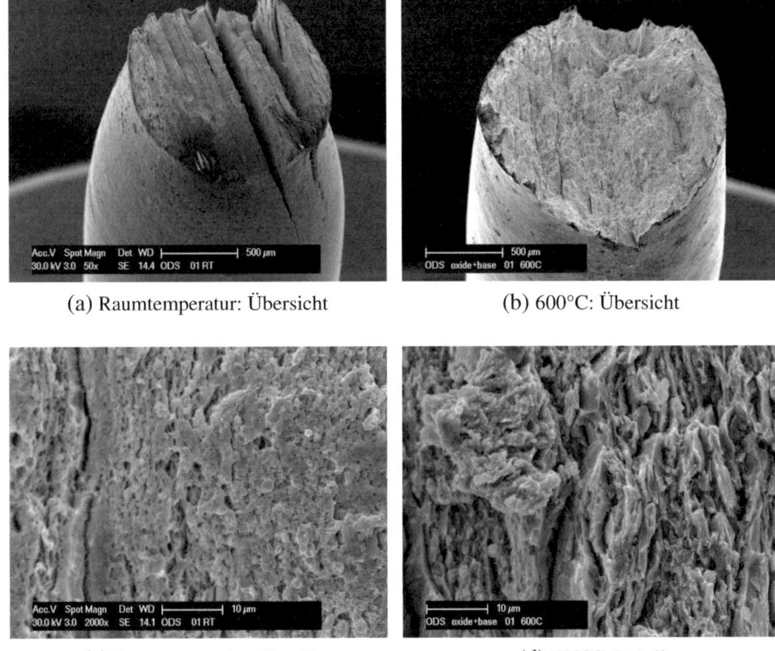

(a) Raumtemperatur: Übersicht

(b) 600°C: Übersicht

(c) Raumtemperatur: Detail

(d) 600°C: Detail

Bild A.14.: REM Aufnahmen der Bruchflächen nach Zugversuchen an der gewalzten
La$_2$O$_3$ Legierung bei Raumtemperatur und 600°C

(a) Raumtemperatur: Übersicht

(b) 600°C: Übersicht

(c) Raumtemperatur: Detail

(d) 600°C: Detail

Bild A.15.: REM Aufnahmen der Bruchflächen nach Zugversuchen an der gewalzten ZrO_2 Legierung bei Raumtemperatur und 600°C

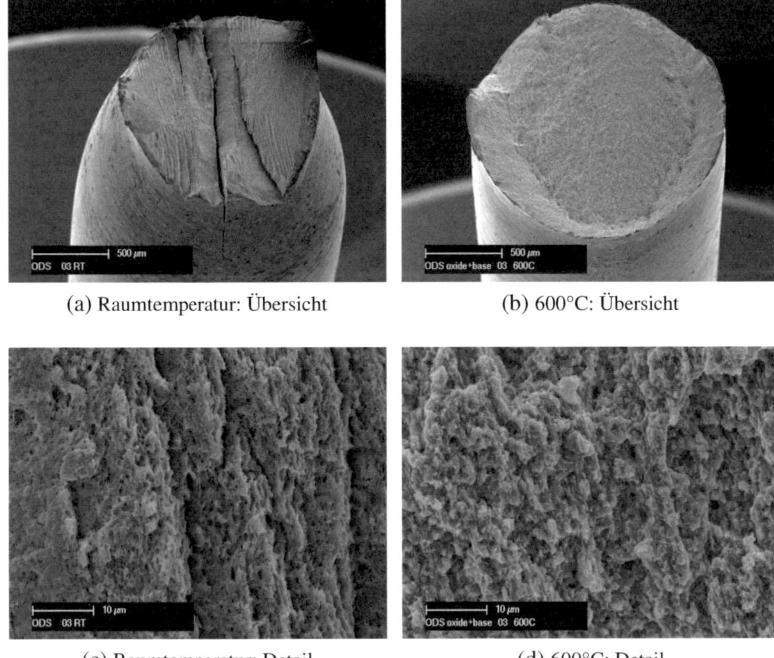

(a) Raumtemperatur: Übersicht

(b) 600°C: Übersicht

(c) Raumtemperatur: Detail

(d) 600°C: Detail

Bild A.16.: REM Aufnahmen der Bruchflächen nach Zugversuchen an der gewalzten Ce_2O_3 Legierung bei Raumtemperatur und 600°C

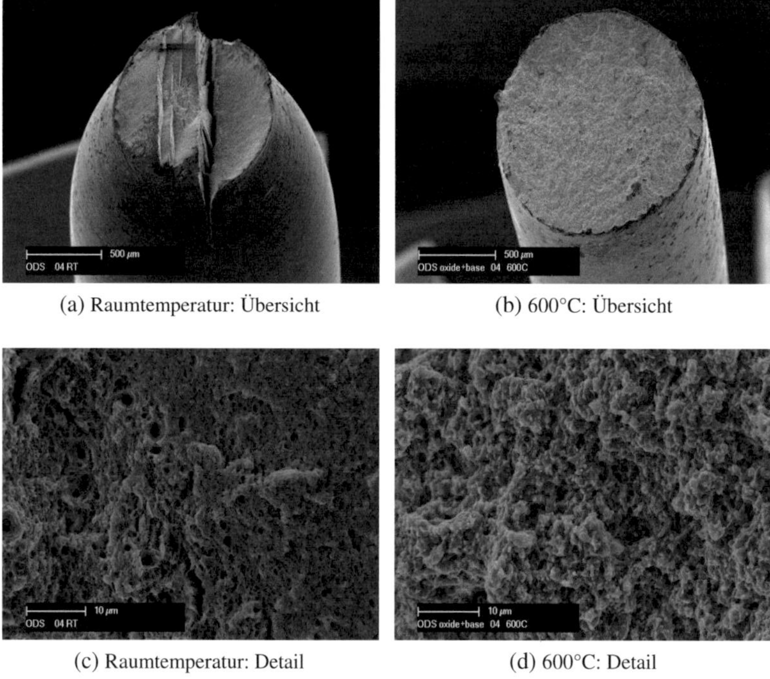

(a) Raumtemperatur: Übersicht

(b) 600°C: Übersicht

(c) Raumtemperatur: Detail

(d) 600°C: Detail

Bild A.17.: REM Aufnahmen der Bruchflächen nach Zugversuchen an der gewalzten MgO Legierung bei Raumtemperatur und 600°C

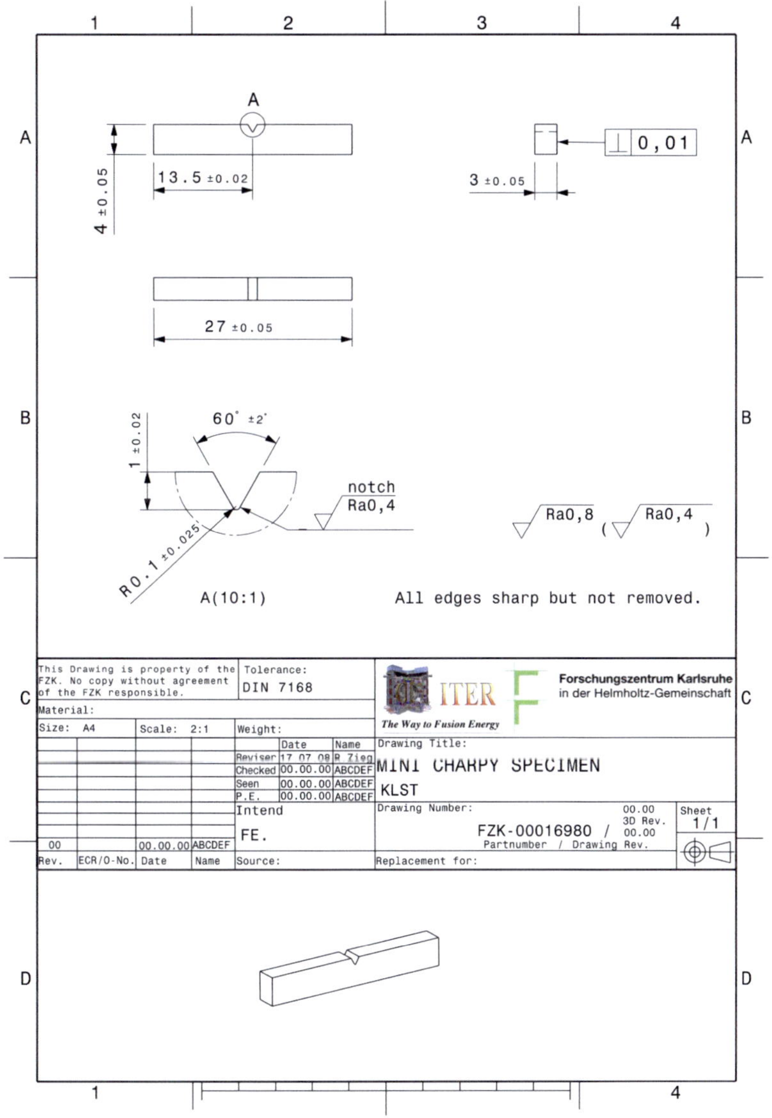

Bild A.18.: Miniaturisierte Probe für Kerbschlag-Biege-Versuche

Schriftenreihe
des Instituts für Angewandte Materialien

ISSN 2192-9963

Die Bände sind unter www.ksp.kit.edu als PDF frei verfügbar oder
als Druckausgabe bestellbar.

Band 1   Prachai Norajitra
Divertor Development for a Future Fusion Power Plant. 2011
ISBN 978-3-86644-738-7

Band 2   Jürgen Prokop
**Entwicklung von Spritzgießsonderverfahren zur Herstellung
von Mikrobauteilen durch galvanische Replikation.** 2011
ISBN 978-3-86644-755-4

Band 3   Theo Fett
**New contributions to R-curves and bridging stresses –
Applications of weight functions.** 2012
ISBN 978-3-86644-836-0

Band 4   Jérôme Acker
**Einfluss des Alkali/Niob-Verhältnisses und der Kupferdotierung
auf das Sinterverhalten, die Strukturbildung und die Mikrostruktur von bleifreier Piezokeramik $(K_{0,5}Na_{0,5})NbO_3$.** 2012
ISBN 978-3-86644-867-4

Band 5   Holger Schwaab
**Nichtlineare Modellierung von Ferroelektrika unter
Berücksichtigung der elektrischen Leitfähigkeit.** 2012
ISBN 978-3-86644-869-8

Band 6   Christian Dethloff
**Modeling of Helium Bubble Nucleation and Growth
in Neutron Irradiated RAFM Steels.** 2012
ISBN 978-3-86644-901-5

Band 7   Jens Reiser
**Duktilisierung von Wolfram. Synthese, Analyse und Charak-
terisierung von Wolframlaminaten aus Wolframfolie.** 2012
ISBN 978-3-86644-902-2

Band 8   Andreas Sedlmayr
**Experimental Investigations of Deformation Pathways
in Nanowires.** 2012
ISBN 978-3-86644-905-3

Band 19   Christian Mennerich
           **Phase-field modeling of multi-domain evolution in ferromagnetic
           shape memory alloys and of polycrystalline thin film growth.** 2013
           ISBN 978-3-7315-0009-4

Band 20   Spyridon Korres
           **On-Line Topographic Measurements of Lubricated Metallic Sliding
           Surfaces.** 2013
           ISBN 978-3-7315-0017-9

Band 21   Abhik Narayan Choudhury
           **Quantitative phase-field model for phase transformations in
           multi-component alloys.** 2013
           ISBN 978-3-7315-0020-9

Band 22   Oliver Ulrich
           **Isothermes und thermisch-mechanisches Ermüdungsverhalten von
           Verbundwerkstoffen mit Durchdringungsgefüge (Preform-MMCs).** 2013
           ISBN 978-3-7315-0024-7

Band 23   Sofie Burger
           **High Cycle Fatigue of Al and Cu Thin Films by a Novel High-Throughput
           Method.** 2013
           ISBN 978-3-7315-0025-4

Band 24   Michael Teutsch
           **Entwicklung von elektrochemisch abgeschiedenem LIGA-Ni-Al für
           Hochtemperatur-MEMS-Anwendungen.** 2013
           ISBN 978-3-7315-0026-1

Band 25   Wolfgang Rheinheimer
           Zur Grenzflächenanisotropie von SrTiO$_3$. 2013
           ISBN 978-3-7315-0027-8

Band 26   Ying Chen
           **Deformation Behavior of Thin Metallic Wires under Tensile
           and Torsional Loadings.** 2013
           ISBN 978-3-7315-0049-0

Band 27   Sascha Haller
           Gestaltfindung: Untersuchungen zur Kraftkegelmethode. 2013
           ISBN 978-3-7315-0050-6

Band 28   Stefan Dietrich
           **Mechanisches Verhalten von GFK-PUR-Sandwichstrukturen unter
           quasistatischer und dynamischer Beanspruchung.** 2013
           ISBN 978-3-7315-0074-2

Band 29   Gunnar Picht
           **Einfluss der Korngröße auf ferroelektrische Eigenschaften
           dotierter Pb(Zr$_{1-x}$Ti$_x$)O$_3$ Materialien.** 2013
           ISBN 978-3-7315-0106-0

Band 30   Esther Held
           **Eigenspannungsanalyse an Schichtverbunden mittels
           inkrementeller Bohrlochmethode.** 2013
           ISBN 978-3-7315-0127-5

Band 31   Pei He
           **On the structure-property correlation and the evolution
           of Nanofeatures in 12-13.5% Cr oxide dispersion strengthened
           ferritic steels.** 2014
           ISBN 978-3-7315-0141-1

Band 32   Jan Hoffmann
           **Ferritische ODS-Stähle - Herstellung,
           Umformung und Strukturanalyse.** 2014
           ISBN 978-3-7315-0157-2